JN064553

ANDROLOGY OF THE RAT

ネズミをめぐるアンドロロジー

医学と獣医学におけるアンドロロジーの接点

斎藤　徹
Toru R. Saito, DVM, PhD

東京図書出版

はじめに

旧約聖書の創世記に次のような聖句があります。

> 神である主は土地のちりで人を形造り、その鼻にいのちの息を吹き込まれた。そこで人は生きものとなった。(中略)
> 神である主は仰せられた。「人が、ひとりでいるのは良くない。わたしは彼のために、彼にふさわしい助け手を造ろう。」(中略)
> 神である主は深い眠りをその人に下されたので、彼は眠った。そして、彼のあばら骨の一つを取り、そのところの肉をふさがれた。神である主は、人から取ったあばら骨をひとりの女に造り上げ、その女を人のところに連れて来られた。人は言った。「これこそ、今や、私の骨からの骨、私の肉からの肉。これを女と名づけよう。これは男から取られたのだから。」

生物はそれぞれの種の寿命に応じて、個体としての生物は必ず死に至ります。しかし、個体の死を超えてその個体の生物としての「生」を継承しています。これこそが正に生殖です。生殖とは、生物が同一種類の新個体（子孫）をつくる現象です。

子孫を残すために必要な機能を生殖機能と言います。男性の場合には精子の生産、性欲、勃起、射精などに関する能力、女性の場合には性欲、排卵、受精、着床、出産などに関する能力が挙げられます。

我が国では、出生率の低下による少子化と平均寿命の伸長により、少子高齢化社会を迎えています。その背景にはさまざまな要因、たとえば女性の晩婚化と出産年齢の高齢化、さらには未婚化という社会現象が考えられています。

一方、男性を取り巻く社会環境の変化による、男性の生殖機能不全、いわゆる男性不妊も挙げられます。その原因として、ストレス、アルコール、喫煙、肥満、糖尿病などの病気や薬の影響、精巣の損傷もしくは機能障害、精子の産出あるいは射精に関するトラブルなどが考えられています。

このような男性の生殖機能に関わる問題を扱う分野には、男性ホルモンであるアンドロゲン（androgen）に関する研究すべてを包括するものとしてアンドロロジー（andrology）、つまり男性学という医学領域があります。これは女性における婦人科学に相当する男性専門の医学的カテゴリーです。また、研究の促進、知識・情報の交換などを目的に、日本アンドロロジー学会が年次開催されています。

本書では、「ネズミは子だくさん」と言わ

れているネズミの世界に目を向け、ネズミの男性学（雄性学）、いわゆるオスネズミの生殖能力について、研究データを中心に生物学的な側面からやさしい解説を試みました。しかし、そこには有性生殖である以上、メスの存在があって初めてオスの生殖能力が発揮されます。その視点より、メスの生殖機能についても多少の説明を加えています。本書は２章から構成され、第１章では生殖機能（性分化、生殖器の形態・機能、精子の形成、性成熟、性行動、受精）について、第２章では生殖行動（性行動、母性行動）、特に交尾行動について紹介しています。

アンドロロジーの研究において、ネズミの雄性学が多少なりともヒトの男性学への懸け橋になれれば幸いです。

最後に、アンドロロジーの学界に導いて頂き、そして温かいご支援を賜った、当時の押尾茂教授（奥羽大学薬学部）、岩本晃明教授（聖マリアンナ医科大学）、岡田弘教授（獨協医科大学越谷病院）、また第29回日本アンドロロジー学会学術大会（2010年７月）の会長の栄誉を賜りましたこと、当時の本学会理事長の並木幹夫教授（金沢大学医学部）に深謝申し上げます。

2023年　弥生

斎藤　徹

目　次

第１章

生殖機能

性の誕生

生物らしきものがこの地球上に出現したのは、地球が誕生してからまもない、約40億年前と言われています。この頃の生命は、単細胞で、性などというものはなく、無性生殖で増殖していました。このような原始的な生物のなかに性というものが出現したのは、約15億年前と考えられています。オスとメスが出現し、遺伝物質をお互いに交換する繁殖様式、つまり有性生殖が登場したのです。

無性生殖から有性生殖への進化

ここで、さらに性というものを見直してみましょう。

オスとメスは、それぞれが自分の遺伝情報の半分を出し合ってそれを混ぜ合わせて新しい子どもをつくります。こうして生まれた子どもは、無性生殖の子どものように、親のまったくのコピーではなく、すべての親とは少しずつどこか違ったところを持っています。どうやらこのあたりに、有性生殖に何か有利な点が潜んでいるようです。

生物は、この地球上に住むかぎり、気象条件、たとえば温度、湿度、空気・水の状態などいろいろな物理化学的環境の影響を受けています。また、生物は自分以外の生物ともさまざまな関係を持っています。ウイルスや細菌などの寄生生物は、ほかの生物の体の中に侵入しなければ生きられません。

図１に示すように、無性生殖を行う単細胞生物にウイルスが感染し、ウイルスがその生物の体の防衛機構を打ち破って侵入に成功したと仮定します。その単細胞は、無性的に繁殖するのですから、その子どもたちは親とまったく同じコピーであるために、そのウイルスの仲間はその単細胞生物の子どもたち全員の体にも潜り込むことが可能です。ついには、親子ともども全員がウイルスにやられてしまうことになります。

これに対して、有性的に繁殖する生物では、遺伝子を混ぜ合わせて新しい子どもをつくることが可能です。このため、子ど

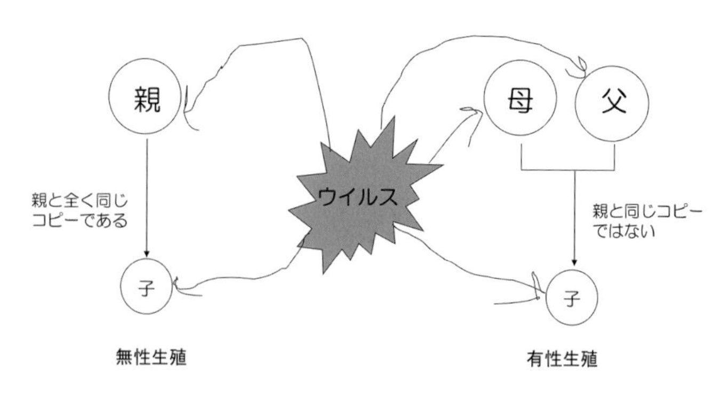

図１　有性生殖の利点（オス・メスの存在価値）

もたちは親とまったく同じコピーではありません。子どもの体の防衛体制も、親のそれとは少しずつ違っています。つまり、ウイルスが親の体に侵入しても、その同じ手法で子どもたちまでに侵入することは不可能ですし、また、子の体に侵入しても親まで侵入することも不可能です。すなわち、親子が同時にウイルスに侵されることは考えられません。生き残った親（子）が次の世代を残すことが可能となります。このようにして、有性生殖生物は進化し、今日まで生き続けてきました。ここに、オス、メスの性の存在価値があると言えます。

性の決定

では、オスか、メスかの性は、どのようにして決定されるのでしょうか？

旧約聖書の創世記には、アダム（男）からエバ（女）がつくられたと記載されていますが、オス、メスどちらか一方の性が完成するためには、性分化の過程を経ることが必要です。

性分化とは、性染色体に基づき精巣や卵巣が発育し、オス、メスそれぞれに特徴的な内性器や外性器、そして脳がつくられる過程を指します。

生物学的には、メスが基本で、メスにホルモンがはたらいてオスに変身します。少し、詳しく説明しましょう。

1　染色体による性分化

染色体による性の決定は、精子と卵子の受精の瞬間に、性染色体の組み合わせによって決まることはご存じでしょう。

ここで、ラットに登場してもらいましょう。ラットはマウスと同様、生物学的分類位置は、脊椎動物門－哺乳綱－齧歯目－ネズミ科の動物です（図2）。ラットの体細胞は、オスもメスも同じ形をした染色体が対をなして、42（$2n=42$）本の染色体が並んでいます。そのうち最後の1対が、XとYという性染色体です（図3）。ラットの精巣で精子、卵巣で卵子がそれぞれつくられるときには、減数分裂という特別な分裂が行われ

脊椎動物門
　哺乳綱
　　齧歯目
　　　ネズミ科
　　　　ハツカネズミ属－マウス
　　　　クマネズミ属－ラット
　　　キヌゲネズミ科
　　　　メソクリセタス属－シリアンハムスター
　　　　クリセタラス属－チャイニーズハムスター
　　　　スナネズミ属－スナネズミ
　　　テンジクネズミ科
　　　　テンジクネズミ属－モルモット
　　ウサギ目
　　　ウサギ科
　　　　アナウサギ属－ウサギ
　　　ナキウサギ科
　　　　ナキウサギ属－ナキウサギ
　　食虫目－トガリネズミ科－スンクス

図2　マウス、ラットの生物分類学的位置

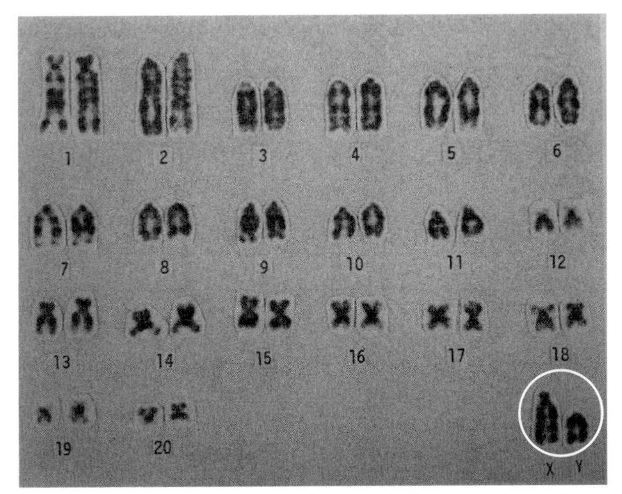

図3　ラットの染色体（2n=42）（Yoshida, 1972）
ラットの体細胞1個に含まれる染色体の数は42本で、20対の常染色体と1対の性染色体（XX または XY）とからなる。

ます。

この分裂は、減数の意味のとおり、1対ずつある42本の染色体が、1本ずつに分かれ、それぞれ2個の精子または卵子ができます。したがって、1個の精子または卵子の中には、対をなしていた染色体の1本ずつが、1個の精子には21本、1個の卵子にも21本入っています。ところが、42本の染色体のうち、最後の2本は XX と XY という性染色体で対をなしていますから、この2本が2つに分かれる減数分裂では、精子は X と Y と1つずつ違った精子がつくられることになります。卵子のほうは、どちらも1本の X 染色体を持った卵子がつくられます。

したがって、Y染色体を持った精子が卵子と受精すると、その受精卵はXYという染色体の組み合わせで、オスとなります。ところが、X染色体を持った精子が卵子と出会えばXXの組み合わせとなり、その受精卵はメスとして発育します（図4）。このように、ラットの染色体による性の決定は、オス側の精子にその決定権があり、それは受精の瞬間に決まります。

マウスの性の決定もラットと同じように染色体によって決まります。ただし、マウスの染色体数は40（$2n = 40$）本です。ちなみに、先のラットと同じように最後の2本は性染色体、最初の38本は常染色体とよばれています。

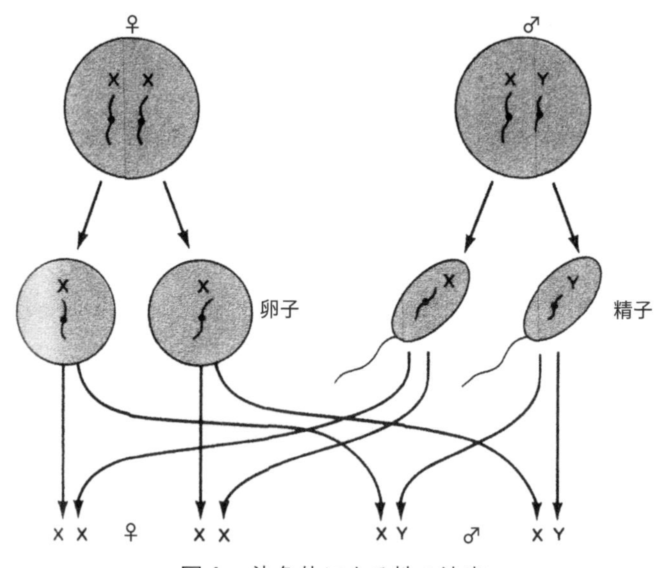

図4　染色体による性の決定
オスの精子に性の決定権がある。

私たちヒトを始め、多くの哺乳動物ではヘテロの XY 性染色体がオス性を、ホモの XX 性染色体がメス性を決定しています。

２　生殖器の性分化

生殖器は、胎生期のある一定の時期までオス、メスとも同じです。胎生期とは受精から出生までの期間を言います（図５）。しかし、受精によって決定された性染色体 XY（オス）の Y 染色体上にある遺伝子 Sry（ヒトでは SRY：sex determining region Y）が活性化され、未分化生殖腺原基の髄質から精巣が形成されます (1)。性染色体が XX（メス）である場合には、未分化生殖腺原基の髄質は委縮し、その皮質が卵巣に分化します。この

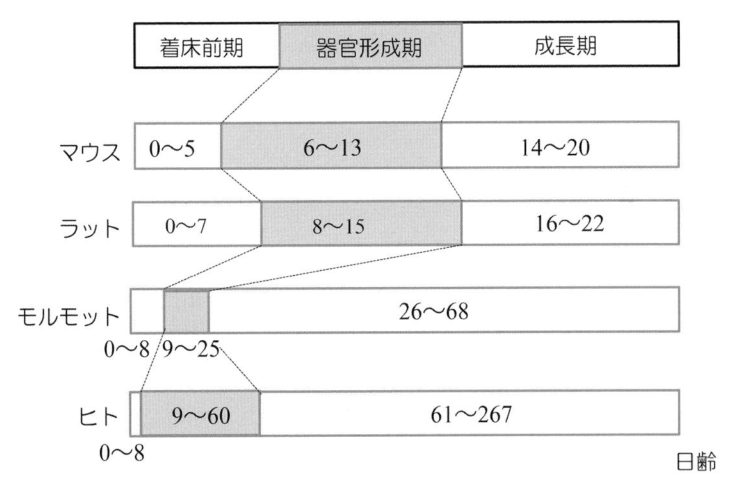

図５　胎生期における各期の対応

ように、未分化生殖腺原基は卵巣になるのが基本です。

精巣がさらに分化すると、精巣に精細管とライディヒ細胞（Leydig cell）が形成されます。胎子の精巣ライディヒ細胞からアンドロゲン（androgen）の分泌が起こり、このアンドロゲンがウォルフ管（Wolffian duct）を発達させ、オスの副生殖器（精巣上体、輸精管、精嚢腺、前立腺など）の表現型ができあがります。さらに、精細管内に存在するセルトリ細胞（Sertoli cell）から抗ミュラー管ホルモン（anti-Müllerian hormone）が分泌され、このホルモンがミュラー管（Müllerian duct）にはたらくとミュラー管が退化し、消失します。

一方、メスでは卵巣からこれらのホルモンが分泌されないので、アンドロゲンがはたらかないと分化発達しないウォルフ管は退化し、ミュラー管は抗ミュラー管ホルモンのはたらきを免れて、退化せずにそのまま発達し、メスの副生殖器（卵管、子宮、膣など）へと分化します（図６）。

３　脳の性分化

母親の胎内で生殖器が性分化（オス型とメス型）されるのに続いて、脳の性分化も胎生期、あるいは新生子期にアンドロゲンの作用（アンドロゲンシャワー）の有無により、形態的および機能的に脳のオス型、メス型が形成されます。その結果、成熟期における GTH（gonadotropin）の分泌パターンに違いが生じます。パルス状の LH（luteinizing hormone）分泌はオス、メスに共通する分泌パターンですが、サージ状の LH 分泌パターンはメスのみに見られ、これがメスの性周期（排卵周期）の存

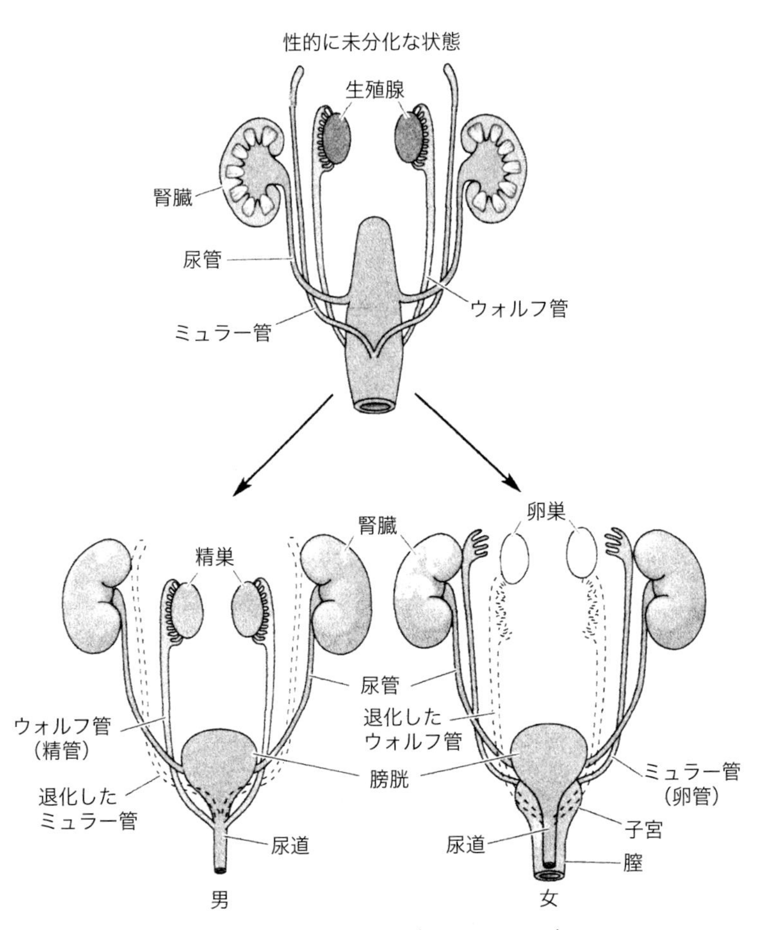

図６　生殖器の分化（Gilbert, 1994）

生殖輸管（ウォルフ管、ミュラー管）の一方が発育し、他方が退化する運命をたどって、副生殖器ができあがる。

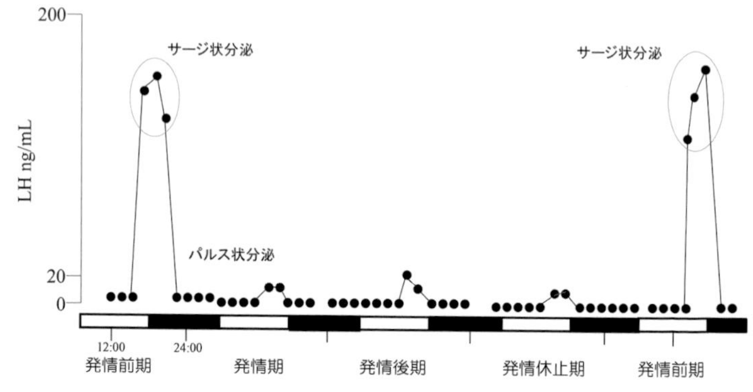

図７　メス性成熟期におけるパルス状とサージ状の LH 分泌パターン
発情前期以外のステージにも、午後に小さなピークを示す概日リズムが見られる。
オスにはパルス状の LH 分泌のみである。

在につながります（図７）。このような LH 分泌パターンは視床下部（hypothalamus）の GnRH ジェネレータという制御機構によってもたらされています。

また、成熟期の脳内の神経核の大きさについては、次のような報告があります。ラットの内側視索前野（medial preoptic area）のなかに濃く染色されるやや大型の神経細胞群が見られます。この細胞群の固まりはオスのほうが大きく、メスの約５倍の体積を示します(2, 3)。この神経細胞群は内側視索前野の他の部分と区別され、性的二型核（sexual dimorphic nucleus of the preoptic area: SDN-POA）とよばれています（図８）。SDN-POA は、ラットのみならず、シリアンハムスター、モルモットなどに見られ、最近ではマウス(4)、ヒト(5)の脳にも相同なニュー

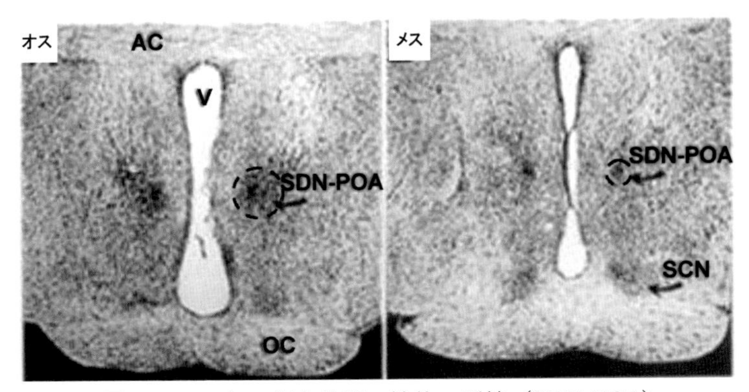

図８　ラットの視索前野の性的二型核（SDN-POA）
AC：前交連、OC：視交叉、SCN：視交叉上核、V：第３脳室。

ロン群が存在することが確かめられています。

このような脳の性分化においては、アンドロゲンが脳内に入り、酵素アロマターゼ（aromatase）によってアンドロゲンがエストロゲン（estrogen）に転化されて脳をオス型化（脱メス型化）します(6, 7)。しかし、胎生期には母体内にエストロゲンが大量にあるのに、メス胎子が脱メス型化を起こさないのは、何故でしょうか？　それは、胎子胎盤から大量に分泌しているプロゲステロン（progesterone）がエストロゲンと拮抗すること、また胎子血中に大量のエストロゲン結合タンパク（α-フェトプロテイン：α-fetoprotein）が存在し、エストロゲンと結合することにより脳内に侵入できず、生理的作用を示すことができないからと考えられています(8)（図９）。なお、ラットの血中α-フェトプロテインは生後急激に減衰し、生後20日では低値となります(9)。

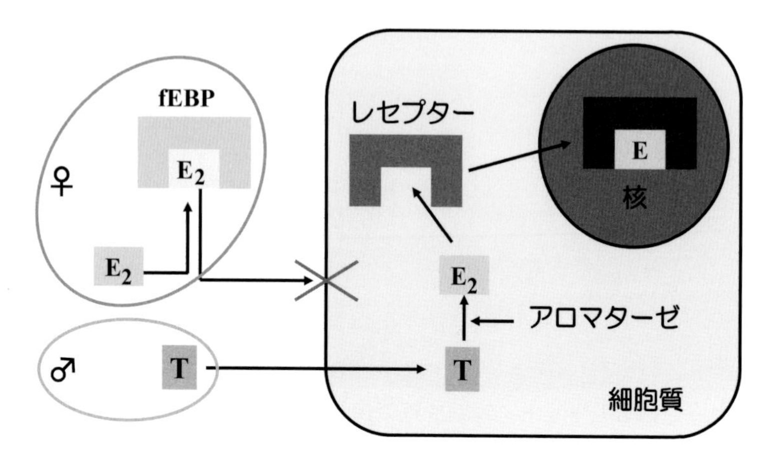

図9　脳内 fEBP（α-フェトプロテイン）の保護作用

T：テストステロン、E_2：エストラジオール17β、fEBP：エストロゲン結合タンパク。

(McEwen, 1979を一部改変)

脳の性分化が起こる時期は、妊娠期間の長さに依存しています。これは動物によって脳の発達の速度が異なることにより、アンドロゲンによる誘導に反応できる臨界期が動物種によって異なるからです（表1）。たとえば、マウスやラットでは、生まれたときには未だ脳の性分化は起こっておらず、生後1週間以内に決まることになります（図10）。したがって、この期間内にオスの精巣を摘出してアンドロゲンの分泌を遮断、一方、メスにアンドロゲンを投与すると（図11）、実験的に脳の性転換（遺伝的にはオス〈メス〉でメス型〈オス型〉の脳）を引き起こすことができます。しかし、この時期を過ぎてしまうと、同様な処置を行っても、脳の性転換は不可能となります(10)。

表１　妊娠期間と脳の性分化の臨界期の比較

動物名	妊娠期間	臨界期（受胎後）
ラット	20〜22日	18〜27日
マウス	19〜20日	出生後
シリアンハムスター	16日	出生後
モルモット	63〜70日	30〜37日
イヌ	58〜63日	出生前〜出生後
ヒツジ	145〜155日	……30〜90日
アカゲザル	146〜180日	……40〜60日
ヒト	38〜40週	12〜22週

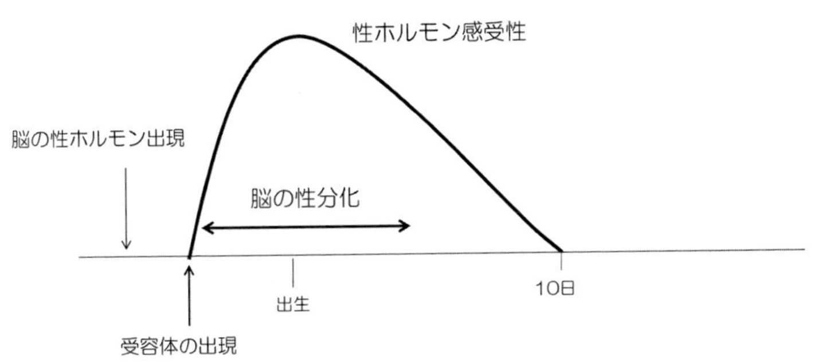

図10　ラット脳の性分化の臨界期と性ホルモン受容体の出現

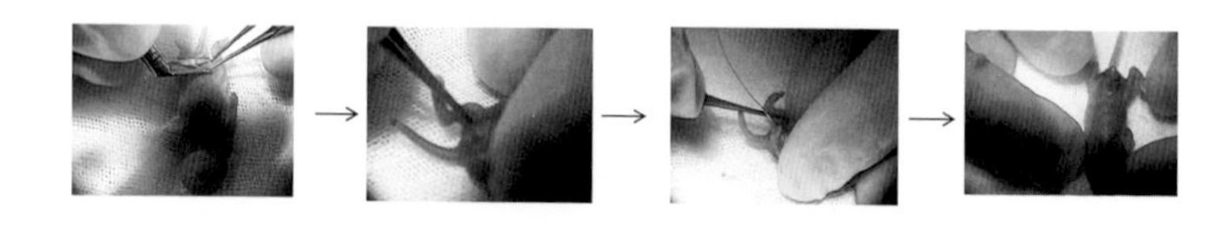

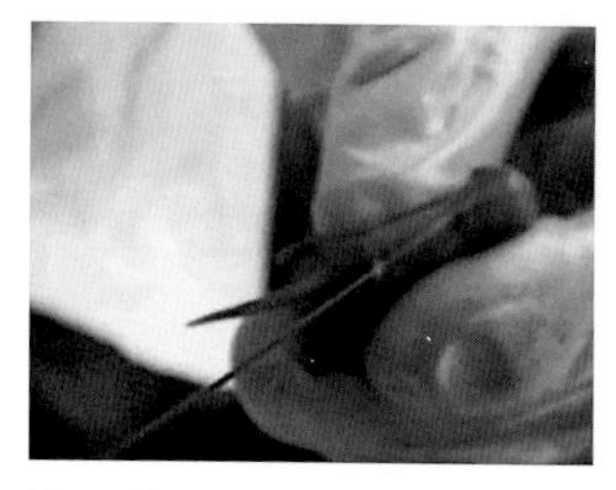

図11　新生子オスの精巣摘出手術（上段）と新生子メスへのテストステロンプロピオネート（TP）投与（下段）

Episode 1

雌雄の産み分けは？

乳牛などを飼育し、乳をしぼったり、それを加工してバターやチーズをつくったりする酪農経営者にとっては、生まれてくる子牛は雌牛が、一方、肉用牛の飼育経営者では雄牛が望まれる傾向にあります。

これらのことから、牛の雌雄産み分け技術の導入は経営者に有利にはたらきます。雌雄の決定は雄側、つまりXあるいは

Y精子との受精によって決まります。一般に、哺乳類のX染色体はY染色体より大きく、牛ではX精子のDNA量がY精子より約４％多く含まれています。この大きさの違いをフローサイトメーター（試料にレーザーを照射し、そこから発する蛍光や散乱光を分析してDNA量の違いから細胞を選択し、回収する装置）によって生存精子のDNA量を見分けることでX、Y精子を判別し、必要な精子を１個ずつ選別することが可能となり、その性選別された精子を使って人工授精を実施することで希望する性別の子牛が得られます。

また最近では、マウスのX精子とY精子の機能差を利用した、牛および豚における簡便かつ安価に雌雄の産み分けを可能とする画期的な方法が報告されました。将来的にヒトへの応用も示唆されています。Umehara et al.（2019）は、X精子の、特に尾に局在している受容体（TLR7/8）を刺激すると精子の運動が抑制されることを発見しました。試験管に培養液とマウスの精子を入れて受容体に取り込む薬剤を加えると、X精子のみが動かなくなり沈殿し、一方Y染色体は浮遊してきます。沈殿したX精子は洗浄したものに分けられ、それぞれを体外受精すれば雌雄を産み分けることが可能となります。

Episode 2

男の子がわずかに多く産まれる？

日本では、2004年に男の子が56万9559人、女の子が54万1162人誕生しています。新生児100人あたり、男の子は51.3人で、女の子は48.7人となります。この割合は、過去にも、また諸外国でも同じ傾向だと言われています。「男の子がわずかに多く産まれるのはなぜか？」との疑問が生じます。

X精子とY精子は、原理上同数つくられるため、数多くの赤ちゃんが産まれれば、その男女比は理論的に1対1になるはずです。しかし、男の子がわずかに多く産まれてくるのが実状です。これには1つの仮説が考えられています。先に述べた通り、Y染色体はX染色体に比べて小さい染色体です。したがってY精子は、X精子より身軽であるため、卵に早く到達する割合が多くなり、その結果XYの受精卵、つまり男の子がわずかに多く産まれることになります。

以上のような生物学的要因によって、性器、脳における性差、いわゆるオスとメスが誕生しますが、ヒトの場合には、さ

らに出生後に分化する心理社会的な性（gender）に影響されます。男の子または女の子が誕生すると、その性（sex）に合った、男性らしさや女性らしさといった概念を含む社会的、文化的な意味での性別に関心が向けられるようになります。

一般的に、母親（父親）は自分の子に接する場合、男の子よりも女の子のほうをずっと長く抱いたり、あやしたりしています。また「可愛い子」とか、「優しい子」とか、「綺麗な子」などといって、女の子に対しては言葉で愛情を示す傾向にありますが、男の子に対しては赤ん坊の頃にはあまり話しかけず、むしろ活発で外交的な子にしようと刺激します。子どもが1歳頃になると、両親は男の子と女の子では違った服装をさせて、性別に対する子どもの関心を喚起していきます。また、色にしても男の子にはブルーを、女の子にはピンクをというように、昔からの習わしに従っています。

こうした男の子と女の子への違った対応の仕方が、社会的な後天的な性を生み出すと言われています。

以上、生物学的および社会学的な性分化についての概略を図12に示します。

同性愛男性とエイズ

筆者が米国国立衛生研究所（National Institutes of Health）（図13）に留学していた頃、1980年代初期に同性愛者の間でAIDS（Acquired Immune Deficiency Syndrome）が蔓延しており、その後、異性愛者とその子どもたちへと感染が広がりつつありまし

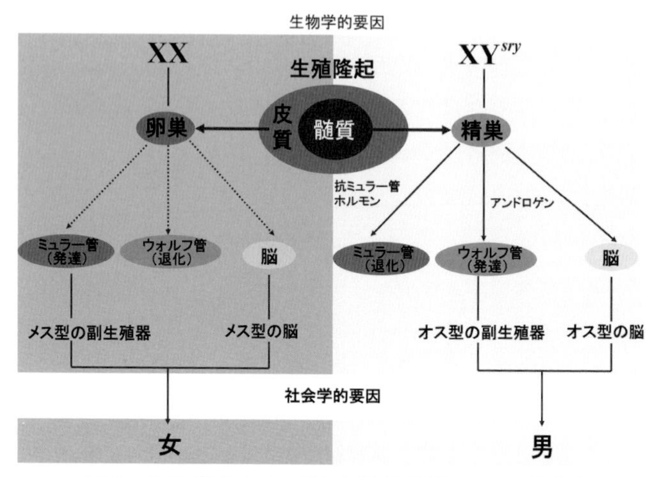

図12　生物学的および社会学的要因による性分化

図13　National Institutes of Health, Bethesda, Md., USA
1887年に設立された合衆国で最も古い医学研究の拠点機関である。

た。

同性愛は一般にホモとよばれていますが、これはホモセクシュアリティー（homosexuality）の略です。レズはレズビアン（lesbian）のことですが、これも学術的にはホモセクシュアリティーです。ホモセクシュアリティーに対して異性愛を表すヘテロセクシュアリティー（heterosexuality）、さらにホモセクシュアリティーとヘテロセクシュアリティーの両方を兼ね備えたバイセクシュアリティー（bisexuality）があります。

マスメディアなどで「LGBT」、最近では「SOGI」という言葉を耳にする機会が多くなりました。「SOGI」はすべての人に関わるため、「LGBT」よりも広い概念を指します。そのため、国際人権法などの議論では、2011年頃から「LGBT」ではなく「SOGI」という呼称が使われるようになりました。

「LGBT」とは、L：女性同性愛者（Lesbian）、G：男性同性愛者（Gay）、B：両性愛者（Bisexual）、T：性転換者（Transgender）の人々をまとめて呼称する頭字語です。性転換者とは生まれた時に割り当てられた性（sex）別と、自身で認識する性（gender）が一致していない人を指します。

一方「SOGI」（Sexual Orientation and Gender Identity）とは、性的指向（恋愛や性愛がどのような対象に向かうか）、性自認（自分の性をどのように認識しているか）といった人の属性を表す略称です。異性愛の人なども含め、すべての人が持っている属性のことを言います。

1　性的二型核とストレス

そもそも、ホモセクシュアリティーはどのようにしてできあがるのでしょうか？　動物実験の結果について見てみましょう。

ラットのオス、メスの性的二型核SDN-POAの大きさは、遺伝的に決まっているのではなく、出生前後にアンドロゲンが脳に作用することによって生じることを先に述べました。

妊娠中のラットにストレスを加えると、胎子の精巣からのアンドロゲンの分泌量が減少し、その結果、誕生したオスのSDN-POAの大きさはメスと同じように小さく、その行動はオスの交尾行動を示さず、逆にロードシス（後述）を示し、性行動がメス化することが分かっています(11-13)。

2　同性愛男性の脳と手指

ヒトの同性愛の場合はどうでしょうか？

1982年にコペンハーゲンで開催された国際性研究会議で、ホモセクシュアリティーの成因について論議されました。

同性愛男性を面接調査したところ、1941～1947年、特に1944～1945年に誕生した男性が、同性愛になる割合が統計的に有意に高いことが報告されました。つまり、この時期は第二次世界大戦末期であり、妊娠していた女性は戦火の中で生活し、夫との死別や離別という厳しい精神的ストレスを負っていたに違いないと考えられます。そういう妊婦の受けたストレスによって、母親の胎内にいた男の子の精巣からのアンドロゲンの分泌量がもしも減少していたとすれば、脳がオスの脳に発達せず、メスの脳にとどまっていた可能性が指摘されています。

さらに、1991年のサイエンス誌に、次のような画期的な論文が掲載され注目されました。そのタイトルは「A Difference in Hypothalamic Structure between Heterosexual and Homosexual Men（異性愛と同性愛の男性間における視床下部構造の差異)」です(14)。つまり、エイズで死亡したホモセクシュアリティーの男性の脳で、視床下部のある特定の神経核の大きさを調べてみたところ、ヘテロセクシュアリティーの男性のものよりも有意に小さく、しかも女性のものにほぼ等しかったと述べています（図14)。この神経核の機能的役割について、サルなどの実験から推測すると男性の性的覚醒に関係があると考えられました。女性に対して性的衝動を感じないホモセクシュアリティーの男性においては、この核が未発達であり、女性同士で性的魅

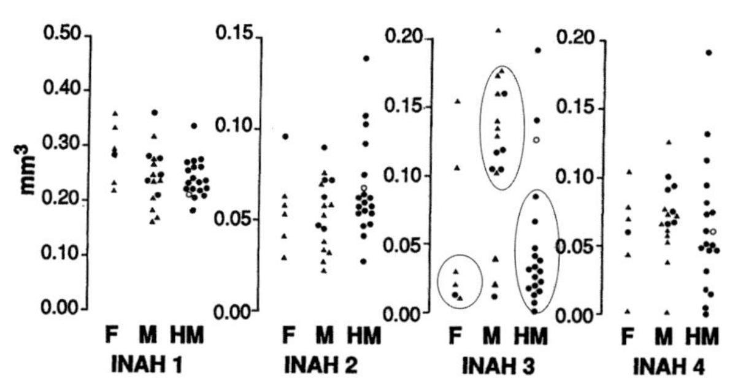

図14　異性愛と同性愛の男性間における視床下部構造（INAH 1、2、3、4）の差異

ホモセクシュアル男性（HM）の視床下部INAH3核の大きさはヘテロセクシュアル男性（M）より小さく、ヘテロセクシュアル女性（F）とほぼ同じ大きさである。

力を感じないヘテロセクシュアリティーの女性のものと同じ大きさだということになります。

この結果は、ホモセクシュアリティーを引き起こす要因に生物学的背景のあることが強く示唆されました。

最近、Lippa(15) は、2,000人を超える参加者の人差し指(2D) と薬指 (4D) の長さを測定し、男女の2D/4D 比について調査しました。ちなみに、手指を伸ばして人差し指と薬指の長さを比べてみて下さい (図15)。如何でしたか？ 彼の調査成績より、ヘテロセクシュアリティーにおいて、男性の2D/4D比は女性より有意に低く、またヘテロセクシュアリティーの

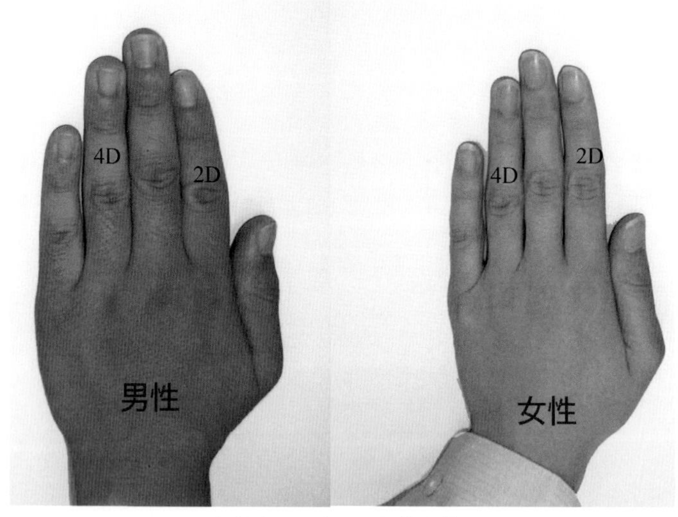

図15　ヒトの2D/4D 比

男性の薬指は人差し指より長く、女性の薬指は人差し指より短いか、同じである。すなわち、2D/4D 比は男性が女性より低値を示す。

男性はホモセクシュアリティーの男性よりも2D/4D比が有意に低いことが示されました。

胎子の指の長さの比は、妊娠14週までにほぼ定まり、２歳以降、一生を通じて変化しないとされています。したがって、2D/4D比は母体内で胎子が暴露されたアンドロゲンシャワーに影響されると考えられています。

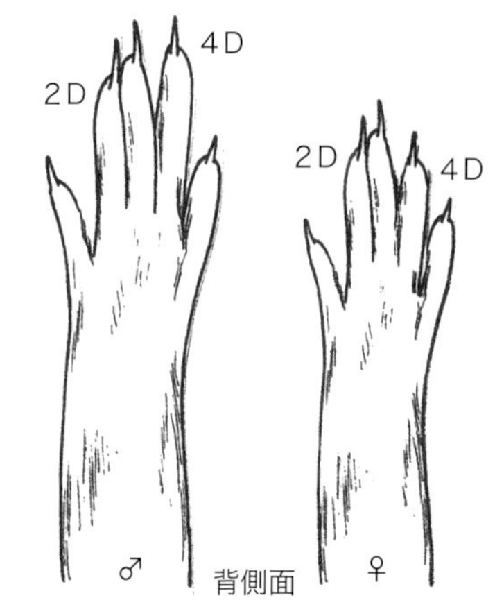

図16　マウス（右後肢）の2D/4D比
ヒトと同じくオスでは2D＜4D、メスでは2D＞4Dである。

ヒトの2D/4D比の報告後、動物でも調べられ、マウスの後肢における2D/4D比はヒトと同じように、オスがメスよりも低値を示すことが報告されています(16)（図16）。

３　エイズの伝播

ところで、エイズの広がりですが、ホモセクシュアリティーの世界での問題が、なぜヘテロセクシュアリティーの世界に侵入してきたのでしょうか？

図17に示すように、その伝播者はバイセクシュアリティーの存在にほかならないと言われています。すなわち、ホモセクシュアリティーのエイズの男性と性交渉を持ったバイセクシュ

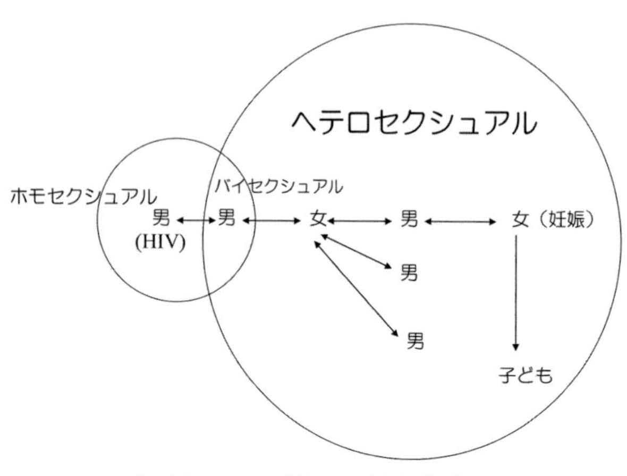

図17　エイズ患者の拡大模式図

アリティーの男性がある特定の女性と性交渉を持ち、その女性がヘテロセクシュアリティーの不特定多数の男性と性交渉を持った結果、エイズに感染したヘテロセクシュアリティーの男性が家庭内に持ち込み、妻へそして子どもへと感染が広がったと考えられています。

ここまで、ヒトを始めとする動物のオス、メスの誕生について見てきました。

次から、ネズミの子どもがどのようにして生まれてくるか、少し詳しく見てみましょう。

ネズミの誕生

1　受精、着床、妊娠

生後６～７週齢になると、生殖機能が備わり、メスはオスと交尾して妊娠可能な状態になります。

図18のメスマウスの泌尿生殖器を見ながら、次の文章を読

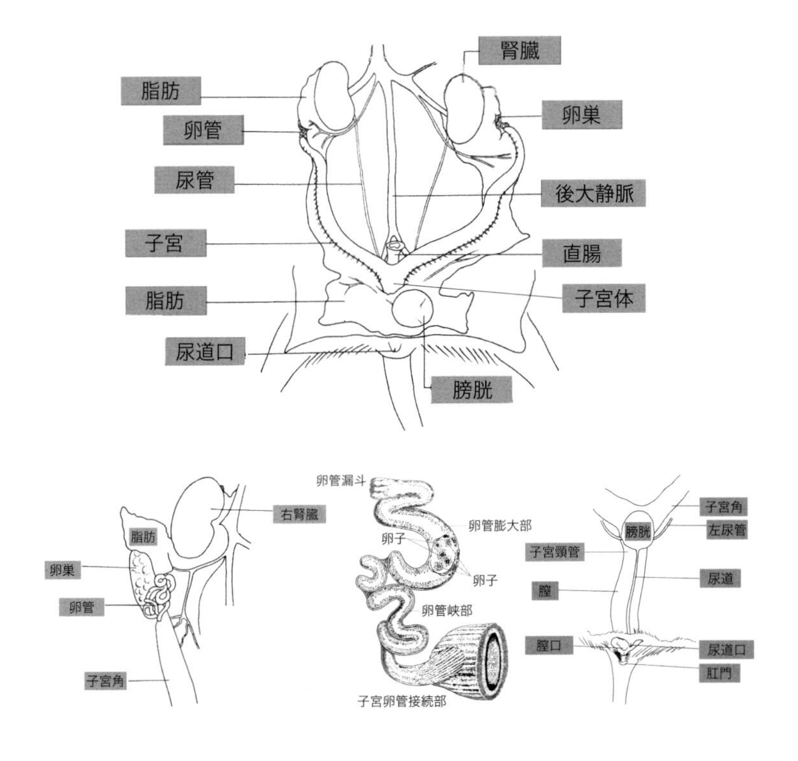

図18　メスマウスの泌尿生殖器

み進んでください。

卵巣の成熟と排卵（ovulation）が周期的に起こり、それに伴って子宮や膣などの副生殖器に、さらに行動にも消長変化が見られます。この現象を性周期（sexual cycle）とよんでいます。

ネズミの性周期は、４～５日で、この間に排卵が見られます。交尾により、膣および子宮頸管に射出された精子は子宮角、卵管峡部を経て卵管膨大部まで達し、ここで卵子と出会います。卵管内で受精（fertilization）が完了すると、受精卵は卵分割を続けながら卵管を下降して子宮内腔に移行し、子宮上皮に着床（implantation）します。卵子が受精してから分娩までを妊娠期間（gestation period）とよび、この間に胎子が成熟すると分娩が開始されます。ネズミの妊娠期間はラットで21～23日、マウスで19～20日です。

２　分娩

胎子がその付属物とともに母体外に排出されることを分娩（parturition）と言います。

分娩は陣痛（labor pains）の開始に始まり、後産の排出で終了します。陣痛は胎子が産道を通過するための最大の推進力となり、オキシトシン（oxytocin）の作用により周期的、不随意的な子宮の収縮で、子宮角の前端から頸管に向かって進行します。

分娩の経過は、第１期（開口期：子宮頸管の開口時期）、第２期（産出期：胎子の娩出時期）および第３期（後産期：後産の排出時期）に区分されます。

胎子は産道を通過して娩出されると、母親は胎膜を食べ、新生子をなめ始めます。特に母親は、新生子の肛門と陰部周辺を熱心になめます。これには、排尿を促し、また最初の排糞運動も引き起こすはたらきがあります。

新生子が最初に排泄する糞は、胎便とよばれ、これには腸管上皮の分泌物や細胞の残骸などが含まれています。このときの尿や糞などは母親によって摂取されるので、巣の中は常に清潔に保たれています。ついで胎盤が娩出され、母親はすぐにこれを食べてしまいます。胎盤摂取によっても巣は汚染から免れます。さらに、胎盤は母親にとって栄養源ともなり、これを摂取することにより母親が餌を探しに行くのを遅らせることができ、新生子とともにしばらく巣に留まることができます。

図19　ラットの母と子（生後１日）

1回の分娩で出生する新生子の匹数を産子数と言います。産子数は、年齢、産次、飼育環境などによって異なりますが、マウスで6～13匹、ラットで6～15匹です。出生時体重はマウスで1.0～1.5g、ラットで4～5gで、まだ被毛は生えておらず、眼瞼は閉じたままです（図19）。

3　後分娩発情

分娩後24時間以内に発現する発情を後分娩発情（postpartum estrus）とよび、多くは排卵（後分娩排卵）を伴います。このときに交配すれば、引き続き妊娠することが可能ですが、マウスやラットでは着床遅延を示し、妊娠期間も長くなります。後分娩発情はモルモット、コモンマーモセットなどにも見られます。このように、泌乳中に妊娠が成立し、泌乳と妊娠が同時に進行する現象を追いかけ妊娠（concurrent pregnancy）と言います。

Episode 3

赤ちゃんも母親の糞を食べる？

ラットの話です。母性フェロモンの提唱者であるMoltz et al.（1983, 1984）の論文から紹介しましょう。彼らは、授乳期に母親から放出されるフェロモンの存在を明らかにし、母性

フェロモンと呼称しました。このフェロモンは母親の盲腸で作られ、糞と一緒に放出されます。新生子は母親のフェロモンに惹きつけられて糞を摂取するようになります。この間の糞中にはデオキシコール酸が多く含まれており、このデオキシコール酸が腸の免疫賦活、および脳の髄鞘（ミエリン）化を促進することが示されています。

したがって、母性フェロモンへの応答、さらに母親の糞の摂食が新生子の正常な脳ミエリンの沈着を促進すると考察しています。このような母親糞の摂取現象は、子ウマにも見られています（Sharon et al., 1985）。

なお、その他の動物の食糞（coprophagy）行動については、『ダイエットをめぐる生物学』（斎藤徹編著）に記載されています。

性の判別

ここにネズミの誕生ですが、オスか、メスの区別がつきますか？　新生子や幼若動物においては外部生殖器が未発達で外見的な特徴が明らかでないので、その判別は困難です。そこで、図20で示すように肛門と生殖突起との距離（anogenital distance: AGD）で判別することになります。相対的に長いほうがオスです。

この肛門−生殖突起の距離について、興味ある研究報告があります。ネズミは、多くの子を含む同腹子を産む多胎動物です。ネズミの子宮は左右にＹ字形の重複子宮（duplex uterus）

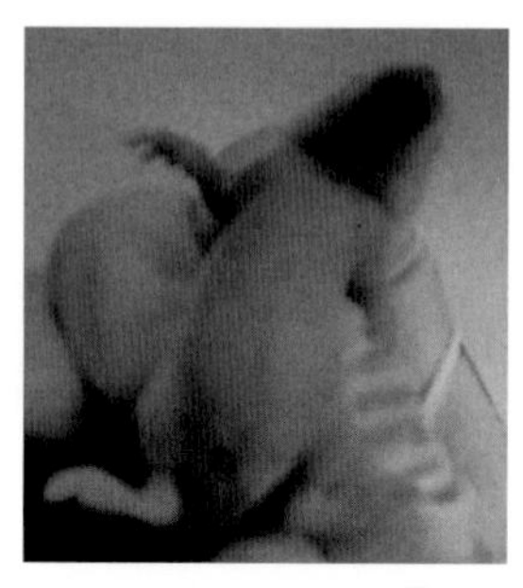

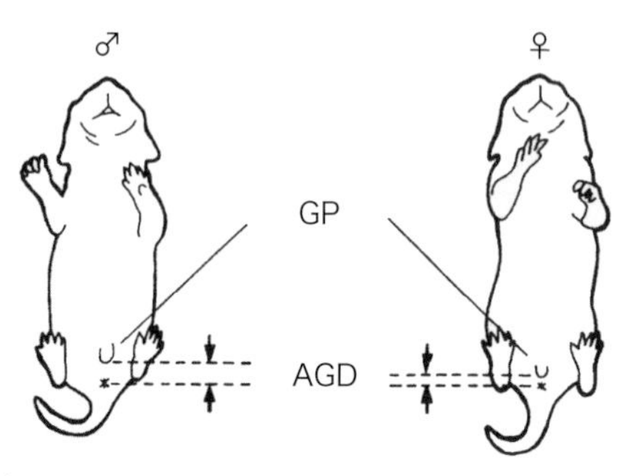

図20　新生子ラットの性判別

GP（genital papilla）：生殖突起
AGD（anogenital distance）：肛門－生殖突起の距離（♂＞♀）

で、4～6匹の胎子がそれぞれ左右の子宮角で発育します。そのとき、メス胎子では両隣からオスの胎子に挟まれている場合（2Mメス）と、片側だけオスの場合（1Mメス）と、両側メスの胎子に挟まれて（0Mメス）発育する場合があります（図21）。

その組み合わせ（胎子の子宮内における位置関係）を出産予定前日に帝王切開し、確認後、肛門－生殖突起の距離を測定した結果、2Mメスが0Mメスに比べて有意に長く(17)、胎生期における胎子の血液中と羊水中のアンドロゲン濃度は2Mメスが0Mメスより有意に高い(18)ことが示されました。すなわち、両側のオス胎子からのアンドロゲンがメス胎子に移行して作用した可能性を示唆しています。

一方、オスに対する組み合わせも考えられますが、オス胎子に挟まれたオスの場合（2Mオス）はどうでしょうか？　この

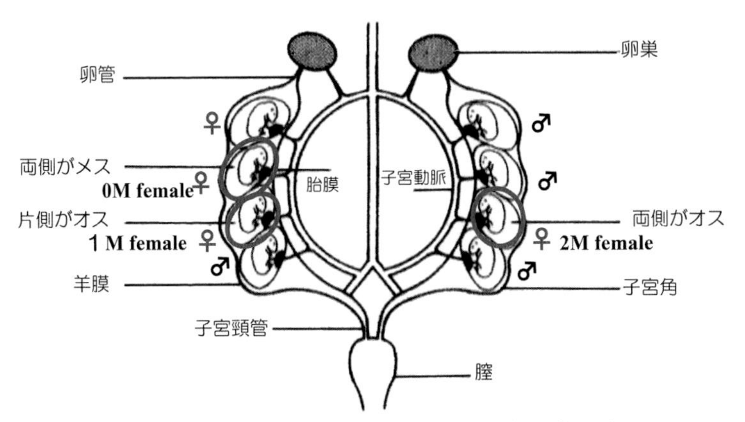

図21　マウスのＹ字形になった子宮の中で育つ胎子
0M (F/F/F), 1M (F/F/M), 2M (M/F/M) females

場合は、自分の精巣から分泌するアンドロゲンに、両側のオス胎子からのアンドロゲンがプラスされます。果たして、肛門－生殖突起の距離は、メス胎子に挟まれたオス（2F オス）に比較して長くなるでしょうか？

性成熟

動物はある日（週、月、年）齢に達すると生殖機能が備わり、メスではオスと交尾して妊娠可能な状態に、オスではメスと交尾して妊娠させることのできる状態になります。この状態を性成熟（sexual maturation）に達したと言います。

このような生殖可能な状態になるには、一連の過程が必要で、この過程の開始は春機発動（puberty）とよばれます。春機

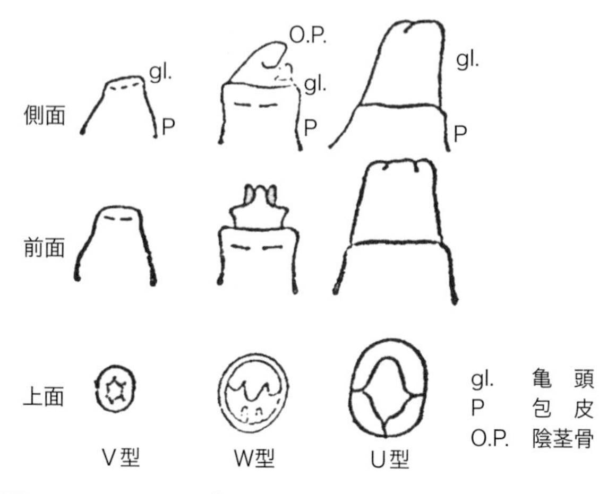

図22　ラットの発育に伴うペニス型の変化（今道原図）
V→W→U型へと変化する。

発動に達すると、メスでは卵巣の発育と排卵が開始され、オスでは精巣の発育と精細管に精子の出現が見られます。マウス、ラット、ハムスター類およびモルモットのメスでは腟開口、オスでは精巣の陰嚢内への下降、陰茎の形状変化（図22）などの外部徴候が見られます。春機発動時期は、それぞれの動物種によって、ほぼ一定しており、マウス、ラットでは約5週齢です。しかし、春機発動時期は外部環境によっても影響されます。栄養、温度、光（日照時間）などがその要因となります。

また、成熟オス（メス）マウスとの同居により、幼若メス（オス）マウスの春機発動時期が顕著に促進されることが知られています（図23）。この現象はヴァンデンバーグ効果

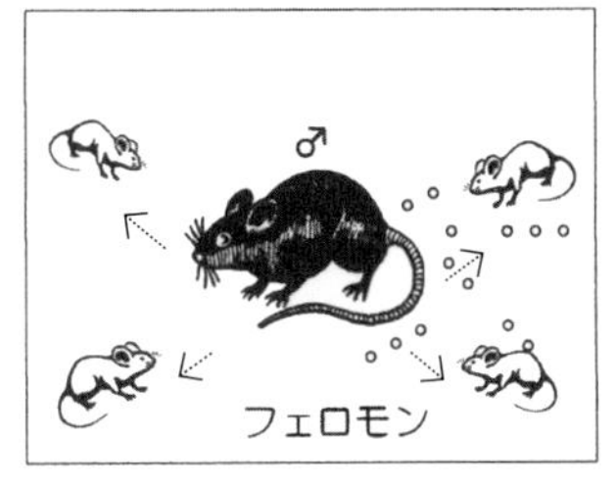

成熟オスと幼若メスの同居群　成熟メスと幼若オスの同居群

図23　ヴァンデンバーグ効果の模式図
成熟オス（メス）との同居により、幼若メス（オス）マウスに性成熟の早期化が見られる。

(Vandenbergh effect) とよばれ、成熟マウスの尿中のフェロモン（pheromone）が要因であると確かめられています(19, 20)。モルモットでもヴァンデンバーグ効果が見られ、成熟オスとの同居で幼若メスの膣開口日齢の早期化が認められます(21, 22)。

性周期

ヒトを含む哺乳動物の多くのメスには性周期（sexual cycle）があるのに、オスにはないことはご存じでしょう。性周期とは、前述したように、生殖周期の一環であり、卵巣の成熟と排卵が周期的に起こり、それに伴い子宮や膣などの副生殖器、さらには行動にも消長変動が見られる現象です（図24）。

ネズミのオスでは、出生前後には自分の精巣からアンドロゲンが分泌されていて、それが脳に作用して、性周期のない脳に

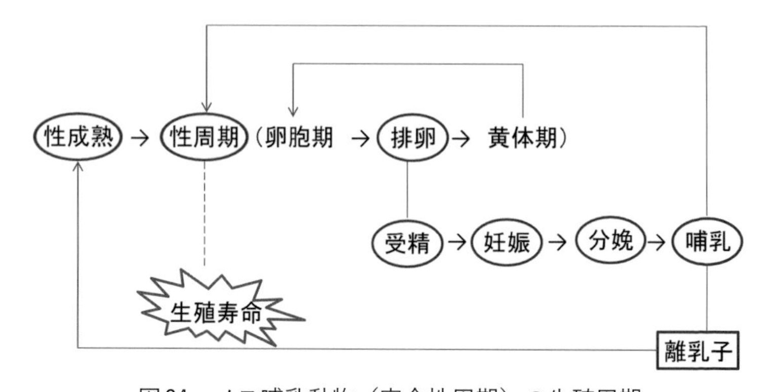

図24　メス哺乳動物（完全性周期）の生殖周期
不完全性周期の場合は黄体機能は短時間で消失するため、黄体期は欠如している。老化により卵巣活動は停止し、生殖寿命を迎える。

なります。つまり、ネズミの性周期を司る下垂体（pituitary）の性腺刺激ホルモン（FSH、LH）の分泌を調節する脳内機構は、出生時では、まだ、メス型、オス型どちらとも決定されていないので、その時期にアンドロゲンが脳に作用することによって、基本型である性周期のある脳が性周期のない脳に変更されます。その結果、成熟期における性腺刺激ホルモンの分泌パターンに違いが生じます。パルス状の分泌はオス、メスに共通する分泌パターンですが、サージ状の分泌パターンはメスのみに見られ、これがメスの性周期の存在につながることを既述しました。

参考まで、図25にラットの性周期におけるホルモンの推移を示します。

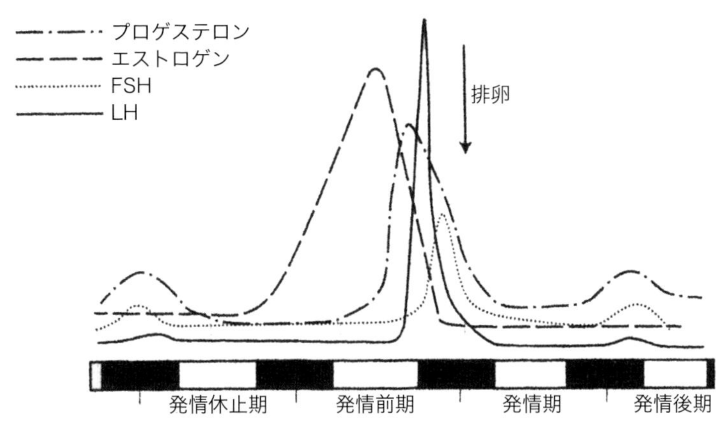

図25　ラットの性周期に伴う血中ホルモン濃度の推移
LH サージが４日ごとに見られる。

表２　生殖器の構成

生殖器の区分	オス	メス
生殖腺	精巣	卵巣
副生殖器		
生殖道	精巣上体	卵管
	精管	子宮
	尿道	膣
副生殖腺	膨大腺	子宮腺
	精嚢腺	大前庭腺
	前立腺	小前庭腺
	尿道球腺	乳腺
	凝固腺（齧歯目）	
交尾器	陰茎	膣（膣前庭）

生殖器の形態と機能

生殖器は生殖腺（性腺：gonad）と副生殖器（accessory reproductive organ）とに分けられます（表２）。前者は配偶子を生産、放出する外分泌腺として、また副生殖器の形態および機能を支配するホルモンを分泌する内分泌腺としての２つの役割を担っています。後者は配偶子の排出道の構造を持ち、配偶子あるいは受胎物の保護および交尾器としての機能を果たす諸器官によって構成されています。

オス生殖器は生殖腺である精巣と副生殖器としての生殖道（精巣上体、精管、尿道）、副生殖腺（精嚢腺、前立腺、凝固腺、尿道球腺）および交尾器（陰茎）から成り立っています（図26）。

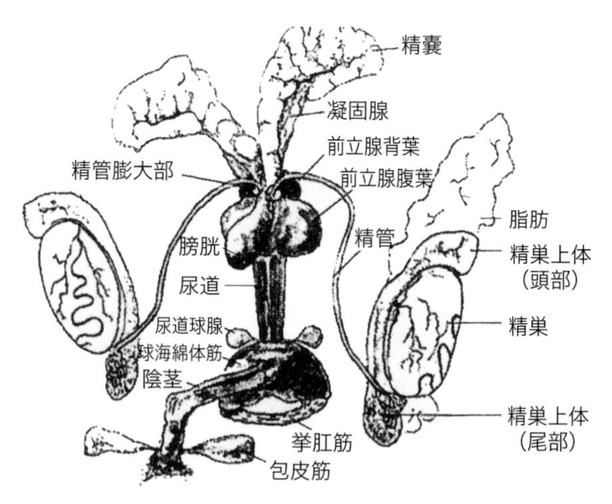

図26　ラット（オス）の泌尿生殖器（田内原図）

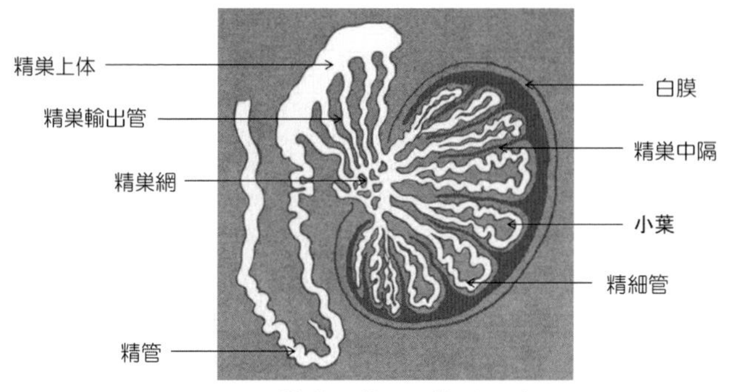

図27　精巣の構造（縦断面）

精巣は精子の生産（外分泌腺）とアンドロゲンの分泌（内分泌腺）を行う。

精巣（testis）：精巣は精子の生産とアンドロゲンを分泌する外分泌腺であり、内分泌腺です。精巣表面は固有鞘膜、白膜により覆われており、内部は精巣縦隔、精巣中隔によって多数の小葉に分けられています（図27）。精巣小葉内には精子を生産する直径0.1～0.3 mm の迂曲した精細管（seminiferous tubules）とアンドロゲンを分泌するライディヒ細胞を含んでいます。一般的に腹腔内から陰嚢内に精巣が下降する時期は、マウスで生後21～25日、ラットで30日前後です。

精巣上体（epididymis）：精巣上体は１本の屈曲した精巣上体管からできており、頭部、体部および尾部に区別されています。精子はここを通過する過程で成熟に至り、尾部に達した精子は運動性を獲得しています。

精管（deferent duct）：精巣上体の尾部に続く管で、陰嚢から骨盤に至り精管膨大部を形成した後、尿道基部の精丘に開口しています。精管の筋層はよく発達し、内面には多数の襞のある粘膜が見られ、性的興奮に伴う精管の蠕動運動により精子は精巣上体尾部から精管膨大部まで移行します。

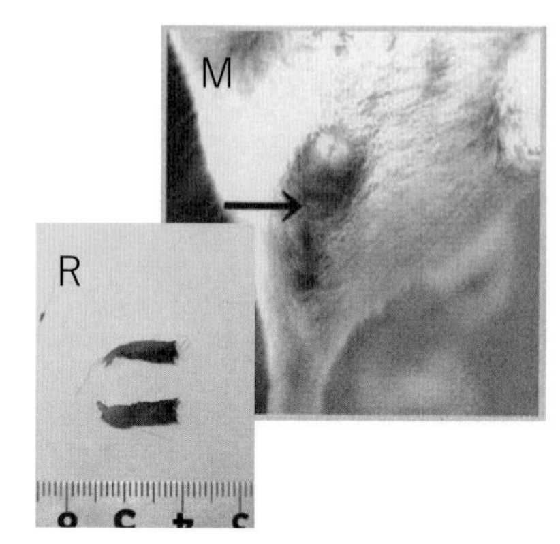

図28　マウスとラットの膣栓

M：膣内の膣栓　R：膣から落下した膣栓

精嚢腺（seminal vesicle）：精管膨大部の外側に位置する１対の腺で、鋸歯状の多数の襞を持ち、半月状に湾曲しています。精嚢腺からは高濃度のタンパク質、カリウム、クエン酸、果糖および数種の酵素を含む粘稠な分泌物が排出され、精液の精漿成分となります。

凝固腺（coagulating gland）：精嚢腺の内側に付着している１対の半透明の器官で、この腺の分泌物は２～３本の排泄管により精管の尿道への開口部の近くで尿道背側に開いています。交尾後、この分泌物は膣内で精嚢腺の分泌物を凝固させて膣栓（vaginal plug）（図28）を形成します。

前立腺（prostate gland）：前立腺は背葉と腹葉よりなり、背葉は尿道の背側に位置し、左右の葉とこれらを結ぶ中間葉からなっています。腹葉は尿道腹側に膀胱を包むように位置しています。

尿道球腺（Cowper gland）：骨盤腔内の尿道球の背上方に位置する球状の分泌腺です。

陰茎（penis）：膀胱から出た尿道は、副生殖腺の開口部を伴い骨盤腔内を走り、坐骨弓部で前下方に曲がり、ここで尿道海綿体ならびに、これを包む筋肉とともに陰茎をつくります。陰茎は尿の排泄とともに交尾器としてメスの生殖器道内に精液を射出する役割を担っています。

包皮腺（preputial gland）：マウスやラットの包皮腺はきわめて大きく、陰茎の近くの腹壁と上皮の間に存在する瓜実型の脂質分泌腺で、包皮内側に開口しています。

精子形成とその完成

精子は、生殖細胞であり、しかも受精のために特殊な形態をとり、体細胞とは異なる複雑な生活史をたどりながら形成されます。

1　精子の成熟・分化

未分化の性腺は胚上皮（germinal epithelium）から盛んに突起（性索：sex cord）を伸ばし、これがしだいに発達して精巣の精細管となります。原始生殖細胞は精細管内に入り込み、出生後、精祖細胞（精原細胞：spermatogonium）となって管壁に接して1層に並ぶようになります。この細胞は性成熟まで休止しています。精細管内にはセルトリ細胞とよばれる特殊な形をしたやや大型の細胞が見られますが、これは精子の変態に際して精子の栄養を供給しているものと考えられ、幼若期の精巣の精細管内に早くから精祖細胞とともに存在しています。

性成熟が近づくと精祖細胞は急激に分裂を始め、数を増すとともに一次精母細胞（primary spermatocyte）、二次精母細胞（secondary spermatocyte）を経て精子細胞（spermatid）を生じます。このように精祖細胞から精子細胞が形成される過程は細胞分裂によるので、精子発生（spermatocytogenesis）とよび、一次精母細胞から二次精母細胞と生じる分裂の際に染色体数は半減（減数分裂）します。

さらに精子細胞はセルトリ細胞に接しつつ、運動性のある長い尾部を持つ精子へと変態します。精子細胞から精子になる過程は細胞分裂なしに精子に変態するので、精子完成（spermiogenesis）と言い、上記の精子発生と合わせて精子形成

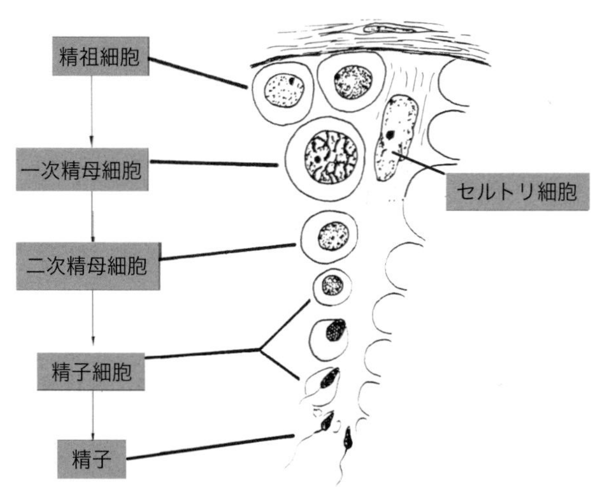

図29　精細管における精子形成

(spermatogenesis) とよびます (図29)。

精巣内で精祖細胞から精子が形成されるまでの期間はマウスで34日、ラットで48日、ヒトで62日です。精子は精巣から出て精巣上体を通過する過程でも変化し、細胞内水分が減少して運動性が増します。精祖細胞から始まって射精可能な精液内に精子として出現するまでの期間はマウスで41日、ラットで51日、ヒトで83日です。オスは性成熟後、生涯にわたって１日に数十～数百万の精子を形成し続けます。

２　精子の形態

精子の頭部には、遺伝子の詰まった核と、卵子に侵入するための先体があり、細い頸部を隔てて中部には、精子が活動するためのエネルギーを供給するミトコンドリアがあります。尾の部分は１本の長い鞭毛で、この鞭毛を動かして精子は卵子に向かって遊泳することができます (図30)。

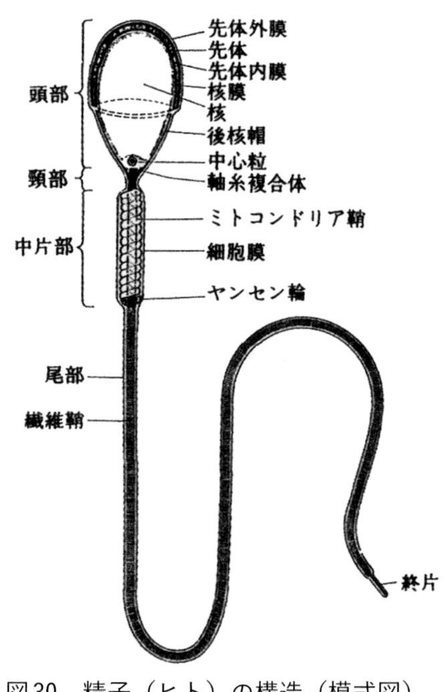

図30　精子（ヒト）の構造（模式図）(Mann, 1964)

精子の形態は、動

表3　各動物の精子の大きさ（μm）

動物種	頭長	頭幅	全長
マウス	8.7	3.0	108
ラット	11.7	—	183
ウサギ	8.0	5.0	—
イヌ	6.5	3.5〜4.5	55〜65
ブタ	7.2〜9.6	3.6〜4.8	49〜62
ヒト	5.0	3.0	60

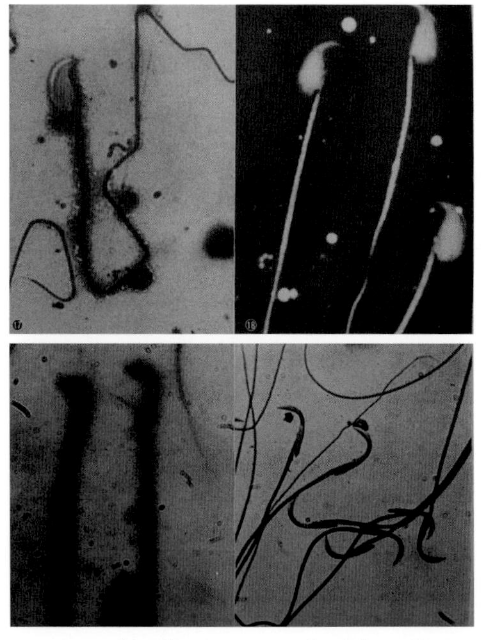

図31　マウス（上段）とラット（下段）の精子の形態

物の種類によって相違があり、その大きさは必ずしも動物の成体の大きさに比例しません（表３）。ヒトやウシ、ウマ、ブタ、ヒツジ、ヤギなどの家畜ではいずれも頭部は扁平・卵円形ですが、ネズミ類は鎌型の頭部です。マウスでは鎌型の外湾がゆるやかで底辺部が幅広く膨らんでいます。ラットの場合は細長く、基底部は直線に近く、先端部で急に深く湾曲しています（図31）。

Episode 4

マウスの精子はゾウより大きい？

Luepold et al. の論文（2015）によると、マウスの精子の全長は124 μm に対してゾウでは56 μm で、小さい動物ほど、精子は長くなると言われています。ちなみに、ハエの仲間であるミバエの精子はあらゆる動物の中で最も長く、その長さは体長の20倍（5.8 cm）にもなるそうです。また、精子の長さとその数との間には反比例の関係があり、１回の射精で精液に含まれている精子数はマウスで950万個、ゾウで2000億個と言われています。

その理由については、メスの生殖器の大きさと何らかの関係があると考えられています。つまり、大きな動物では、精子がメスの大きな生殖器の中で希薄化されたり、失われたりするリ

スクが高くなるため、精子の数はその大きさよりも優先され、一方、小さい動物では、精子の濃度よりも、卵子に早く到達するために、精子の長さが重要であると説明されています。

性 行動パターン

求愛行動（courtship behavior）から交尾行動（copulatory behavior）の一連の性行動パターンはさまざまですが、それは種によって遺伝的に固定されたものです。同種内におけるオス、メスの性行動パターンは、通常それぞれの性に限定された固有のパターンにかぎられており、異性の性行動パターンを示すことはありません。メスラットの性行動の典型的なものとし

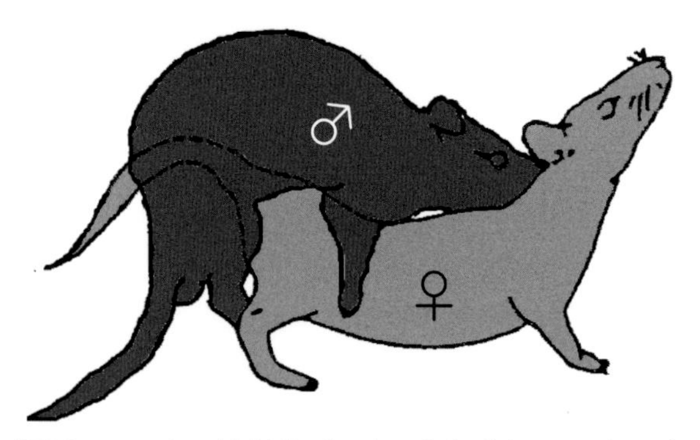

図32　ラットの性行動（マウント行動とロードシス）
オスのマウントに反応して発情しているメスは脊柱を湾曲させ、後肢と前肢を伸展させ、臀部と頭部を上げる姿勢ロードシスを示す。

て、オスのマウント（乗駕：mount）に反応してロードシス行動（脊柱湾曲：lordosis）が見られます（図32)。

これらの性行動は、血中の性ホルモンに依存している行動です。精巣を摘出するとオスはマウント行動を示さなくなり、卵巣を摘出するとメスはロードシス行動を示さなくなります。しかし、精巣や卵巣を摘出しても、オスにアンドロゲン、メスにエストロゲン（＋プロゲステロン）を投与すると、それぞれの性行動を示すようになります。それでは、オスにエストロゲンを、メスにアンドロゲンを注射すると、それぞれが異性の性行動を示すのでしょうか？　答えは否です。正常に分化、成長してきたオス、メスでは、異性のホルモンを大量に与えても異性の性行動を示すことは殆どありません。したがって、これらの性行動の発現を支配する脳に、明確な機能的な性差があるのです。

性行動パターンの分化についても、出生前後の時期におけるアンドロゲンの役割が重要です。メスラットの典型的な性行動であるロードシスも、新生子期にアンドロゲンの作用を受けると遺伝的にメスでありながら、成熟してからロードシスを示さなくなり（脱メス性化)、むしろオスの性行動である交尾行動(マウント）を示すようになります（オス性化)。一方、出生後早期に精巣摘出手術されたオスラットでは、成熟してからエストロゲン（＋プロゲステロン）を補えば、メスとほぼ同程度のロードシスを示すようになります（メス性化）(図33)。このことより、性行動パターンの性分化も、この新生子期まで遺伝的にオス型、メス型が決まっているわけではないのです。

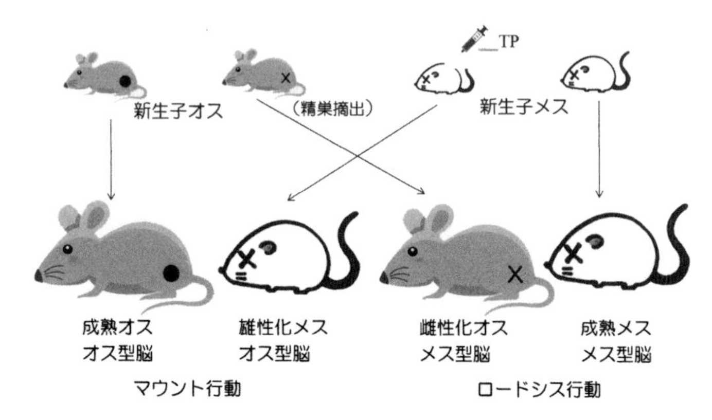

図33　脳の性分化と性行動パターン

TP: testosterone propionate

実際にラットの性行動を観察してみましょう。

性成熟に達したオス、メスをケージに入れます。しかし、オスはメスに対してなかなかマウントしません。たとえ、マウントしてもメスが拒否します。前述のラットの性周期において、４日に１回の排卵が起こっています。その排卵の前後数時間にメスは発情を示し、オスのマウントを許容します。オスはメスからの発情フェロモンに誘引され、積極的にマウントし、引き続きペニスの膣への挿入（intromission）が行われ、ついに最終局面である射精（ejaculation）に至ります（図34）。射精後、オスはしばらく休息（性的不応期）します。このような射精シリーズを５～７回繰り返し、やがて性的飽和の状態となり、発情メスに対して交尾行動が行われなくなります。

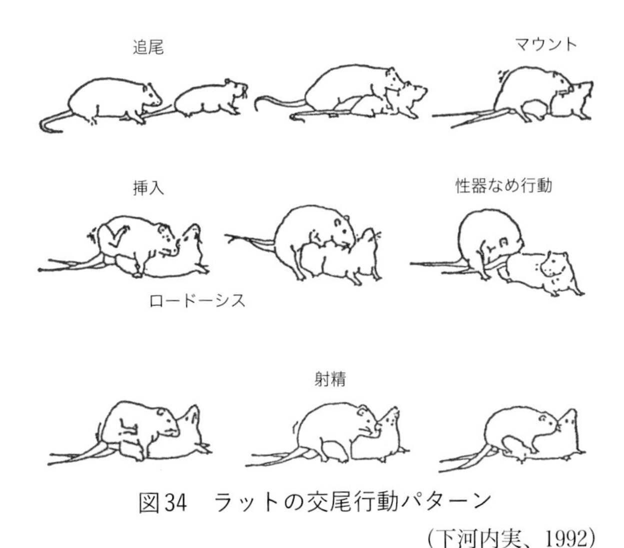

図34　ラットの交尾行動パターン
（下河内実、1992）

一方、メスは発情の間、オスを誘惑します。これを勧誘行動（soliciting behavior）とよびます。たとえば、ピョンピョン跳ねる行動（hopping）、耳介をふるわせる行動（ear-wiggling）、オスに向かって突進する行動（darting）などが観察されます。

Episode 5

男性は女性の匂いに惹かれる？

ラットやマウスのオスは発情期（エストロゲン濃度が高く、プロゲステロン濃度が低い）のメスから分泌される性（発情）

フェロモンに鋤鼻器を介して強く惹きつけられます。

では、男性にとって魅力的な女性の匂いとは？　Lobmaier et al.（2018）の論文によると、エストロゲンの分泌量が多く、プロゲステロンの分泌量が少ない時期、いわゆる月経周期における排卵前の卵胞期の女性から分泌する匂いが男性の嗅覚を介して最も強く惹きつけられることが示されました。これらのホルモンの値は、妊孕性の高いことを示しており、男性は妊娠しやすい女性により強く惹かれることを示唆しています。すなわち、このことは種の保存にとって理にかなった現象と考えられます。

受精

精子が卵子のなかに侵入し、両者の核が卵細胞内で一連の変化をした後、染色体が合体して種特有の染色体数を有する接合体をつくるまでの現象を受精（fertilization）と言います。この過程で重要なことは、精子の侵入により卵子が活性化されることです。

1　受精前の卵子と精子

排卵後の卵子の受精能は24時間以内、平均10時間前後と見られています。高齢動物の卵子では異常受精（多精受精：polyspermy、多卵核受精：polygyny）の増加や受精率、受精卵の発生率が低下します。

メス生殖器内での精子の受精保有時間は多くの動物で24〜36時間くらいですが、マウス、ラットでは比較的これより短時間です。射出された精子には受精能力は備わっていません。これを得るためにはメス生殖器内、特に卵管内で、精子周囲に付着している精漿成分の除去を受けなければなりません。

このように精子の代謝活性や運動性を亢進させる変化を受精能獲得（capacitation）と言います。

２　精子の卵子への接近

交尾により膣および子宮頸管に射出された精子は子宮角、卵管峡部を経て膨大部まで達し、ここで卵子と出会います。射出された精子のうち卵管膨大部に至るものは非常に少なく、膨大部までの精子の移動はそれ自身の運動によりますが、性的興奮に伴う子宮、卵管の顕著な収縮運動も関与しています（表４）。

排卵された卵子は卵管采の壁に付着した後、卵管上皮の繊毛運動などにより卵管膨大部まで運ばれます。齧歯目、ウサギなどでは卵管内に達した卵子を取り巻く卵丘細胞層はヒアルロン酸（hyaluronic acid）からなるジェリー状の細胞間質で埋められています。

精子の尖体にはヒアルロン酸を溶解するヒアルロニダーゼ（hyaluronidase）が含まれており、精子との出会いにより卵丘細胞層は取り除かれ、卵子は露出して精子と接触します。

表４　受精部位への精子の移動

動物種	射出精液量（ml）	射出精子数（×10^5）	射精部位	卵管への精子の移動に要する時間	卵管膨大部へ達する精子数
マウス	＜0.1	50	子宮角	15分	＞17
ラット	0.1	58	子宮角	15～30分	５～100
ハムスター	＞0.1	80	子宮角	２～60分	少数
モルモット	0.15	80	子宮体	15分（卵管中央部）	25～50
ウサギ	0.1	350	膣	３～６時間	250～500
ネコ	0.1～0.3	56	膣・子宮頸	－	40～120
イヌ	10.0	125	子宮角	２分～数時間	５～100
ブタ	250.0	40,000	子宮頸・子宮	15分（膨大部）	80～1,000
ヒト	3.5	125	膣	68分（膨大部）	少数

（Thibault, 1972; Blandau, 1973より改変）

３　精子の透明帯の通過

精子が透明帯に接近すると尖体が取れて穿孔体が露出します。この穿孔体に透明帯を分解する酵素が含まれており、精子の透明帯への通過を容易にします。透明帯を通過した精子は卵黄周囲腔（perivitelline）に入り、精子頭部は卵黄膜の表面に接触します（図35）。

４　雌雄前核の融合

精子の頭部が卵黄内に入ると頭部の核膜は崩壊し、核内容物は膨張して雄性前核（male pronucleus）となります。同時に、卵子は第二極体の放出が起こり、卵子内の染色体は雌性前核（female pronucleus）に変化します。オス、メスの前核はさらに

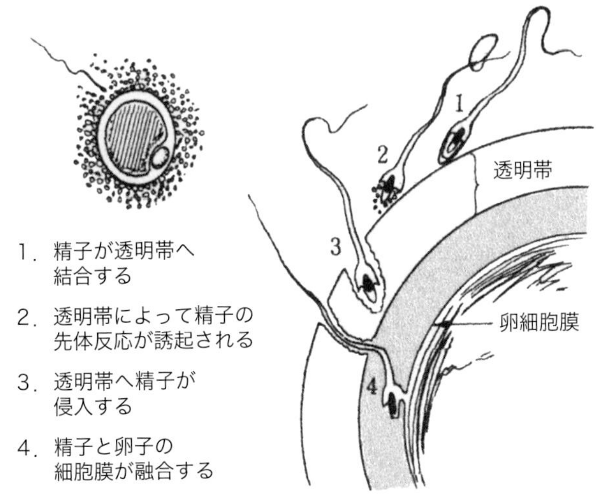

図35　精子と卵子との相互作用

(Carron & Saling, 1991)

大きさを増して中心に移動し接触します。その後、両核は縮小し、核膜や仁が消失して前核は見えなくなります。次いで、そこにオス、メス２つの染色体群が出現し互いに引き合い融合して１つになり、受精は完了します。

Episode 6

精子競争とは？

精子は鞭毛運動によって浮遊し卵子に接着します。メスが複数のオスと交尾する種においては、卵子の受精をめぐって複数のオスの精子が競争することになります。この競争は精子競争とよばれています(Parker, 1970)。数多くの実証研究により、精子競争が精子の数、大きさ、形、およびオスの生殖行動の進化に大きな影響を与えていることが分かってきました。

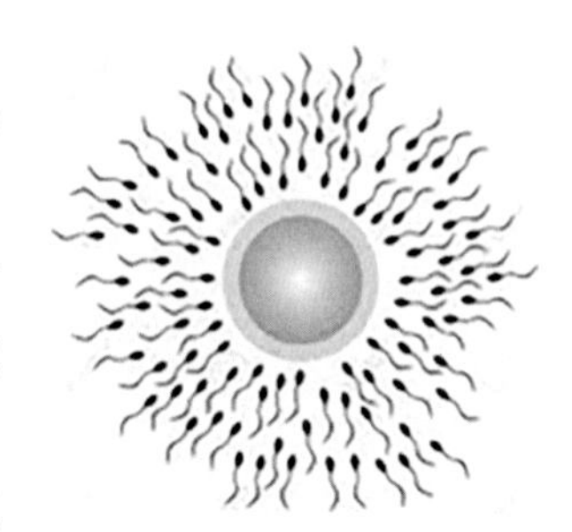

受精の際、何億個という精子の中の1個が過激な競争に勝って、卵子に到達します。しかし、この精子競争の世界に、最近、驚くべき事実が明らかになりました。各々の精子はライバルの精子に勝つため、あるときはお互いに協力し合って、他の集団より早く卵子に辿り着き、受精する確率を高めていると考えられています。

ラット、マウスの精子の先端部は鎌(フック)の形です。このフックを使って、精子はお互いにくっつき合って集団(5～100個)をつくることにより、単独で動くよりも早く卵子に向かって移動していることが見つかりました(Immler et al., 2007)。しかし、この協力体制は、ゴール直前で崩れ、最終的に優れたフックをもった1個の精子が受精に至ったのです。

さらに、精子はお互いに助け合って泳ぎ、卵子へ向かうとの報告もなされました。精子が泳ぐことでつくられる「流体の流れ」によって他の精子の動きが加速されていたのです(Taketoshi et al., 2020)。実際、横に並んだ2個の精子の速度は、ともに最大で16%向上することが認められています。

精子の動きについては、男性不妊治療の観点からの研究が進められており、今後、その動きを流体力学の視点により解析することも重要であると、彼らは指摘しています。

生殖機能とアンドロゲン

最後に、アンドロロジーの視点より、性分化、その後の副生殖器および交尾行動に深く関与しているアンドロゲンの分泌調節とそのはたらきについて要約します。

アンドロゲンは、デヒドロエピアンドロステロン（dehydroepiandrosterone）、アンドロステンジオン（androstenedione）、テストステロン（testosterone）などの男性ホルモン活性を有するものの総称です。なお、テストステロンは標的細胞内でジヒドロテストステロン（dihydrotestosterone）、あるいはエストラジオール（estradiol）に変換された後、核内受容体に結合します（図36）。

オスでも、メスと同様に視床下部の神経分泌細胞から分泌される性腺刺激ホルモン放出ホルモン（gonadotropin-releasing hormone: GnRH）により、下垂体前葉から２種の性腺刺激ホルモン（gonadotropic hormone）が分泌されています。この２種の性腺刺激ホルモンは卵胞刺激ホルモン（follicle stimulating hormone: FSH）と黄体形成ホルモン（luteinizing hormone: LH）で、オス、メスにおいては役割が異なります。オスでは、LH は精巣のライディヒ細胞にはたらき、テストステロンの分泌を

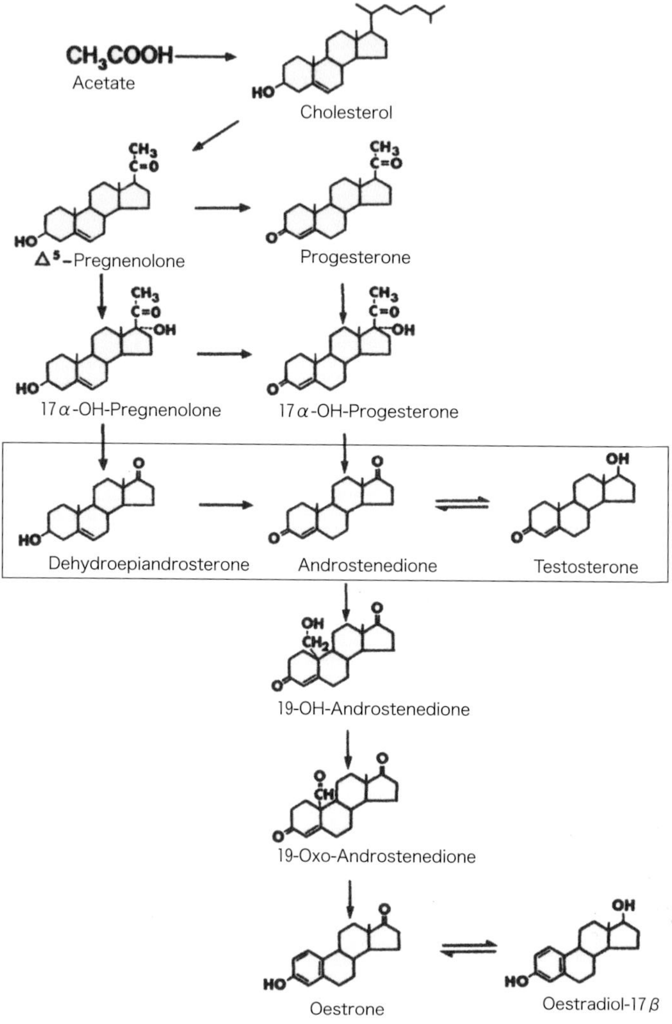

CH_3COOH
Acetate

Cholesterol

Δ^5-Pregnenolone

Progesterone

17α-OH-Pregnenolone

17α-OH-Progesterone

Dehydroepiandrosterone

Androstenedione

Testosterone

19-OH-Androstenedione

19-Oxo-Androstenedione

Oestrone

Oestradiol-17β

図36　アンドロゲンの生合成

促進させます。テストステロンは生殖腺、副生殖器の形態や機能を維持するとともに、精細管における精子形成を促進します。さらに視床下部および前脳や大脳辺縁系にはたらいて、交尾行動の誘発、また GnRH の分泌を抑制します（負のフィードバック）。一方、FSH は精細管を構築するセルトリ細胞にはたらき、アンドロゲン結合タンパクの分泌を促進し、精細管内にテストステロンを高濃度に保たせるはたらきを通して精子形成に関与しています。また、セルトリ細胞からはインヒビン

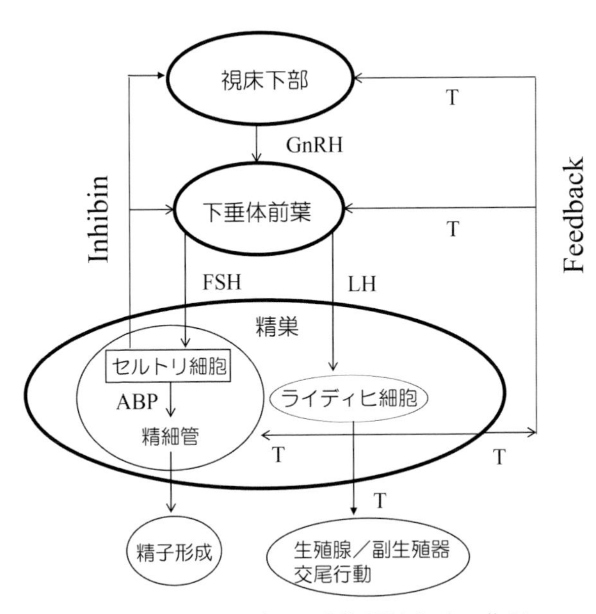

図37　アンドロゲンの分泌調節とその作用
T：Testosterone　ABP：アンドロゲン結合タンパク

（inhibin）が分泌され、主に下垂体前葉にはたらき、FSHの分泌を抑制していると考えられています（図37）。

参考文献

1. Koopman P et al.: *Nature*, 351: 117–121, 1991.
2. Gorski RA et al.: *Brain Res.*, 148: 333–346, 1978.
3. Gorski RA et al.: *J. Comp. Neurol.*, 15: 529–539, 1980.
4. Orihara C and Sakuma Y: *J. Comp. Neurol.*, 518: 3618–3629, 2010.
5. Swaab DE: *Science*, 228: 1112–1115, 1985.
6. Naftolin F et al.: *Recent. Progr. Horm. Res.*, 31: 295, 1975.
7. MacLusky NJ et al.: *Science*, 211: 1294–1303, 1981.
8. McEwen BS: *Science*, 211: 1303–1311, 1981.
9. 加藤順三『臨床婦人科産科』37: 7–20, 1983.
10. Rhees RW, Shryne JE and Gorski RA: *Brain Res. Dev. Brain Res.*, 52: 17–23, 1990.
11. Anderson DK, Rhees RW and Fleming DE: *Brain Res.*, 332: 113–118, 1985.
12. Anderson RH, Fleming DE, Rhees RW and Kinghorn E: *Brain Res.*, 370: 1–10, 1986.
13. Fleming DE, Anderson RH, Rhees RW, Kinghorn E and Bakaitis J: *Brain Res. Bull.*, 16: 395–398, 1986.
14. LeVey S: *Science*, 253: 1034–1037, 1991.
15. Lippa, RA: *J. Pers. Soc. Psychol.*, 85: 179–188, 2003.
16. Brown WM, Finn CJ and Breedlove SM: *Anat. Rec.*, 267: 231–234, 2002
17. vom Saal FS and Bronson FH: *Biol. Reprod.*, 19: 842–853, 1978.
18. vom Saal FS and Bronson FH: *Science*, 208: 597–599.
19. Vandenbergh JG: *Endocrinology*, 81: 345, 1967.
20. Vandenbergh JG: *Endocrinology*, 84: 658, 1969.

21　斎藤徹、小幡正樹、高橋和明『家畜繁殖誌』28: 141–144, 1982.
22　Kosaka T, Obata M, Saito TR, et al.: *Zool. Sci.*, 5: 1137–1139, 2014.

参考図書

- Hafez ESE ed.: *Reproduction and Breeding Techniques for Laboratory Animals*, Lea & Febiger, Philadelphia, 1970.
- Baker HJ ed.: *The Laboratory Rat*, Academic Press, New York, 1979.
- Nalbandov AV: *Reproductive Physiology of Mammals and Birds*, W. H. Freeman and Company, San Francisco, 1976.
- Austin CR and Short RV: *Hormones in Reproduction*, Cambridge University Press, Cambridge, 1972.
- Cook MJ: *The Anatomy of the Laboratory Mouse*, Academic Press, London, 1965.
- Hebel R and Stromberg MW: *Anatomy of the Laboratory Rat*, Williams & Wilkins Company, Baltimore, 1976.
- Roosen-Runge E. C.: *The process of Spermatogenesis in Animals*, Cambridge University Press, Cambridge, 1977.
- Carlson NR: *Physiology of Behavior*, Allyn and Bacon, Inc., Boston, 1981.
- Krieger DT and Hughes JC eds.: *Neuroendocrinology*, Sinauer Associates, Inc., Massachusetts, 1980.
- Suzuki S: *An Atlas of Mammalian Ova*, Igaku Shoten Ltd., Tokyo, 1972.
- 新井康允『男脳と女脳こんなに違う』河出書房新社、1997.
- 川上正澄『男の脳と女の脳』紀伊國屋書店、1986.
- 斎藤徹編著『性をめぐる生物学』アドスリー、2012.
- 斎藤徹編著『ダイエットをめぐる生物学』アドスリー、2016.
- 田中実編著『体内リズムをめぐる生物学』アドスリー、2020.

第2章

生殖行動

生殖行動（reproductive behavior）とは、動物が自らの遺伝情報を次世代に継承し、種として存続していくために必要不可欠な行動を意味します。生殖行動にはオスの配偶子である精子とメスの配偶子である卵子の出会いをつくりだす性行動（sexual behavior）と、母親が子を自立できるまで育て上げる母性行動（maternal behavior）が挙げられます。

本章では、生殖行動におけるオス側の性行動、いわゆるオスの交尾行動（copulatory behavior）について紹介します。

交尾行動の発現

前章で述べたように、交尾行動の発現には精巣から分泌されるアンドロゲンが不可欠です。アンドロゲンは中枢神経系の制御機構における神経細胞に作用して交尾行動発現の準備段階を担っています。交尾行動の誘発はメスから発せられる発情フェロモンやメスの勧誘行動による動作（hopping, ear-wiggling, darting）などです。

１　アンドロゲン情報伝達経路

中枢神経系の多くの神経細胞には性ステロイドホルモンに対する受容体（receptor）が存在しています(1)。視床下部（hypothalamus）に位置する視索前野（preoptic area: POA）にはその受容体が豊富に含まれており、多くの動物の生殖機能の制御に関係しています。視索前野を破壊するとオス哺乳動物の交尾行動の発現が抑制され(2)、逆に電気刺激でその発現が促進されます(3)。さらに、内側視索前野（medial preoptic area: MPOA）に結晶アンドロゲンを直接埋没すると、交尾行動の発現が促進されます(4)。このことより、内側視索前野の神経細胞はアンドロゲンの情報を中枢神経系に伝える中心的なはたらきをしていることが示されます。この情報は内側前脳束（medial forebrain bundle: MFB）を介して中脳（midbrain）に送られると考えられています(5)。

２　嗅覚情報伝達経路

ニオイには“感ずるニオイ（sensible order）”と“動かすニオイ（driving order）いわゆるフェロモン（pheromone）”が存在し、それぞれが嗅上皮（epithelium）および鋤鼻器（vomeronasal organ）によって別々に知覚されているため、動物には主嗅覚系（嗅上皮－主嗅球系）（main olfactory system）と副嗅覚系（鋤鼻器－副嗅球系）（accessory olfactory system）の２系統から構成されています(6)（図１）。

フェロモンの受容体は鋤鼻器であり、フェロモン情報は鋤鼻神経を介して、副嗅球、内側扁桃核（medial amygdaloid

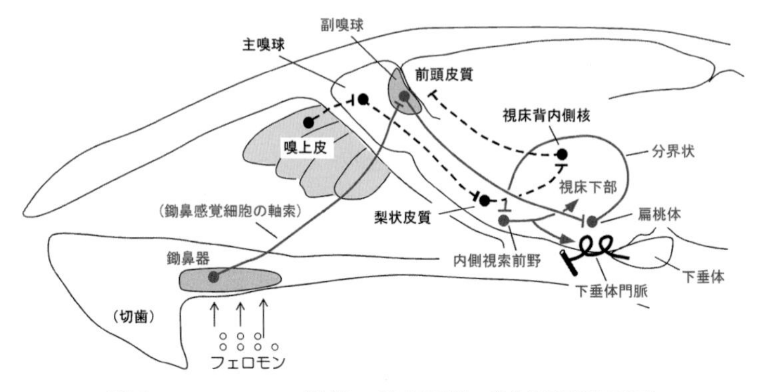

図１　フェロモン情報の神経回路（横須賀誠原図）

フェロモンは鋤鼻器で受容され、その情報は副嗅覚系（実線）神経経路を経て視床下部に至る。破線は主嗅覚系神経回路を示す。

nucleus）を経て視床下部の内側視索前野および腹内側核（medial ventral nucleus）に至ります。したがって、鋤鼻器の除去、または鋤鼻器－副嗅球系神経路の切断は交尾行動の発現に影響をおよぼすことになります。

嗅覚器の機能が交尾行動の誘発に関連していることは、最初にハムスターで実験的に証明されました(7)。オスハムスターは次の３群に分けられ、それぞれに鋤鼻神経の切断、嗅上皮の破壊およびその両方の処置が施されました。その結果、嗅上皮を破壊されたハムスターでは交尾行動に変化は認められず、嗅上皮の破壊と鋤鼻神経の切断の両方の処置を受けたハムスターでは交尾行動が消失し、鋤鼻神経を切断されたハムスターでも交尾行動は有意に減少しました。

マウスの交尾行動も鋤鼻器からの情報に依存しています。鋤鼻器を除去されたオスマウスは交尾行動の減退を示し、メスマウスの発情フェロモンに暴露されてもテストステロンの放出は見られません(8)。また、鋤鼻器摘出ラットの実験においても、射精に至るまでの潜時が長くなるといった交尾行動の低下が見られ、この傾向は交尾未経験オスラットの方が交尾経験オスよりも強く現れます(9)。

LHR（luteinizing hormone releasing hormone）の投与により、齧歯類の交尾行動を促進させること(10)、さらに鋤鼻器摘出動物の交尾行動の低下に改善が認められます(11, 12)。一方、メスラットにおいても、鋤鼻器の摘出によってロードシス商（後述）の減少を示しますが、エストロゲン＋LHRの投与で回復が見られます(13, 14)。

既に述べたように、化学信号の情報は扁桃体から分界条や分界条床核を介して視索前野、視床下部、中隔または新皮質に伝わります。これらの脳領域にはLHRニューロンの細胞体および線維が含まれており、化学感覚系とLHRの潜在的な関係が示唆されています。

Episode 7

フェロモン (pheromone) とは？

フェロモンは、ホルモン（hormone）と同様に生体内で生産されますが、ホルモンが生体内で機能するのに対し、フェロモンは生体外に放出されて機能する化学物質です。

フェロモンは、「動物個体から放出され、同種の他個体に特異的な反応を引き起こす化学物質である」と定義されています。フェロモンはその作用から「解発フェロモン」と「起動フェロモン」に分類されます。

解発フェロモン（releaser pheromone）は、同種他個体に直接的な行動を引き起こすもので、その効果は比較的急速に発現しますが、動物の体内における内分泌的変化は伴いません。

起動フェロモン（primer pheromone）は、同種の他個体の生理機能に影響を及ぼし、動物の体内に種々の内分泌変化を起こさせるもので、その効果は比較的長時間持続します。

フェロモンは代謝産物であるため、齧歯類においても尿や汗などの分泌物から発見されることが数多く見られます。最近では、オスマウスの涙腺から分泌するフェロモンが見つかっています（Kimoto et al., 2005）。

なお、フェロモンの詳細については、『コミュニケーションをめぐる生物学』（斎藤徹著）に記載されています。

交尾行動における性反応

交尾行動において、どのような生理的反応が起きているので

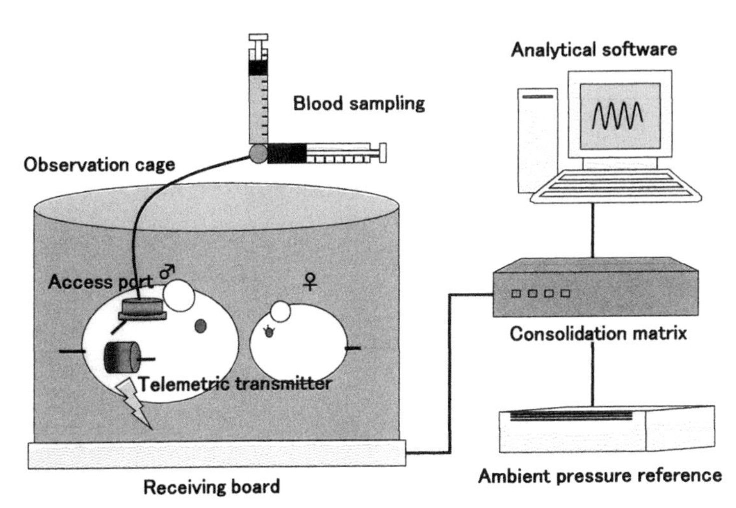

図２　テレメトリーシステム装置（寺田節原図）

しょうか？　性的刺激を受けたときの肉体的および精神的変化を性反応（sexual response）と定義されています。

性反応の発現には視床下部、とくに内側視索前野の活動と、それに関連した自律神経系の関与が考えられます。

私たちの研究室の大学院生であった寺田が、テレメトリーシステム装置（図２）を用い、無麻酔、無拘束の条件、すなわち被検体のより自然な状態で、ラットの交尾行動における自律神経系の反応を観察したので、以下に紹介します。

１　心拍数

心拍数あるいは心拍間隔の変動は、時々刻々と変化する生体の自律神経機能をもっとも直接的に反映している有効な指標の

１つと考えられています。心臓には、各種動物ごとに決められた固有の心拍数が存在していますが、実際の生体においては、この固有心拍数に年齢、性別、成長、行動、情動などの要因が影響して、心拍数の増減やリズムの変動をもたらしています。

交尾行動に伴う若齢（10〜12週齢）オスラットの心拍数は、図３に示すように各射精シリーズ１〜５の射精時を最大値とする増減パターンが見られます。各個体の射精シリーズ１〜３をまとめて、射精時前後の心拍数（平均値±標準誤差）を図４に示します。射精シリーズ１におけるオス安静時（発情メス導入５分前）の心拍数は370±6 bpm（beats/min）ですが、メスの導入直後に上昇（482±33 bpm）し、その後射精時まで増加傾向を示します。射精時の心拍数は519±13 bpm で最高値（安静時の約40％増）が観察されます。射精後の心拍数は激減（１分後397±11 bpm）し、安静時の心拍数レベルまで回復します。その後、性的不応期には若干の増減を繰り返しながら低値（409〜432 bpm）を維持します(15)。このように射精シリーズ１で見られる心拍数の推移は、その後の射精シリーズ２〜３においても同じような傾向を示します。

では、高齢（48週齢）ラットの交尾行動に伴う心拍数の変化はどうでしょうか？　安静時の心拍数に対する増減率で見ると、高齢オスでは先の若齢オスに比べて射精時まで増加率は高く、射精時の増加率は約60％（若齢オスでは40％）、射精後の減少率でも高い推移を示しています(16)。つまり、加齢に伴い交尾行動に対する心臓への負担が大きくなるものと考えられます。

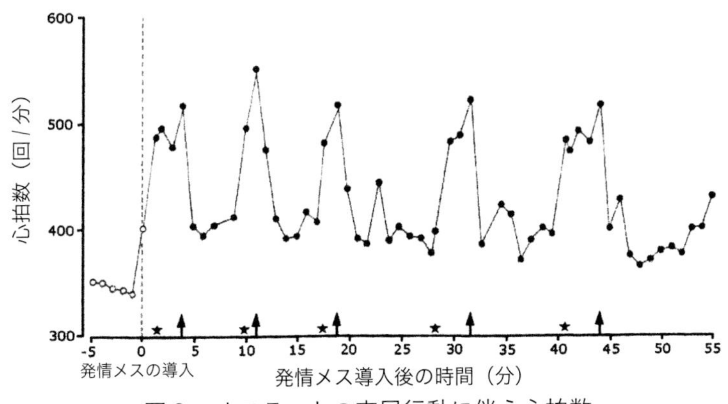

図３　オスラットの交尾行動に伴う心拍数
↑：射精、★：挿入（各射精シリーズの最初の挿入）

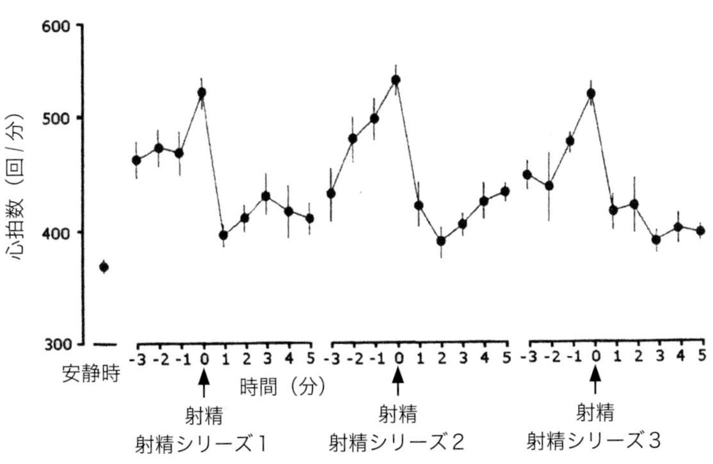

図４　オスラット（n=6）の各射精シリーズにおける射精前後の平均心拍数

一方、激しい運動負荷（強制運動）によっても心拍数の増加が見られます。この場合、増加した心拍数は射精後の激減とは異なり、運動終了後に直ちに減少することはなく、しばらく高い値を維持しながら徐々に減少していきます（図５）(17)。この心拍数の緩やかな減少プロセスは、生体の酸素負債を補うとともに動脈血の二酸化炭素分圧の上昇を防ぐ意味で重要な機構です。

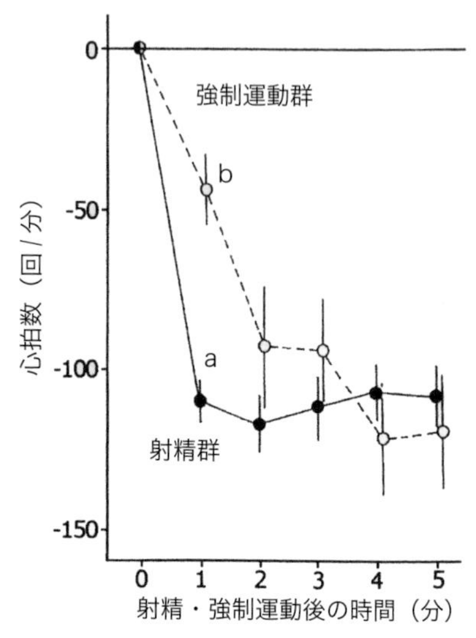

図５　射精・強制運動後の心拍数の減少推移

強制運動時の心拍数が射精時の値と同じになるように調整し、その後の両者の心拍数の減少過程を観察した。
a vs. b: $p<0.001$

したがって、射精時に見られる心拍数の上昇は単なる運動効果というよりも、射精に直接関連した交感神経系の機能亢進がはたらいているものと推測されます。さらに、射精行為は交感神経損傷下では困難であることが臨床的に広く知られていることからも、射精時には交感神経の一過性の強い興奮が連動している可能性が高いと考えられます。

２　血圧

血圧とは血管壁におよぼす血流の内圧を意味します。最高血圧は、血液を送り出すときに心臓が収縮して、血管に強い圧力がかかっている状態の値で、収縮期血圧ともよばれています。一方、最低血圧とは、次に送り出す血液をためこむために心臓が拡張しているときの値で、拡張期血圧ともよばれています。血圧は常に一定ではありません。血圧を測定する時間帯や季節によって異なりますし、起床や食事、運動などの日常生活、精神的ストレスや測定時の室温など、さまざまな原因により変動するものです。

図６にオスラットの交尾行動における血圧の推移を示します。この時の血圧の推移は、収縮期血圧および拡張期血圧ともに同じ増減傾向が見られます(18)。

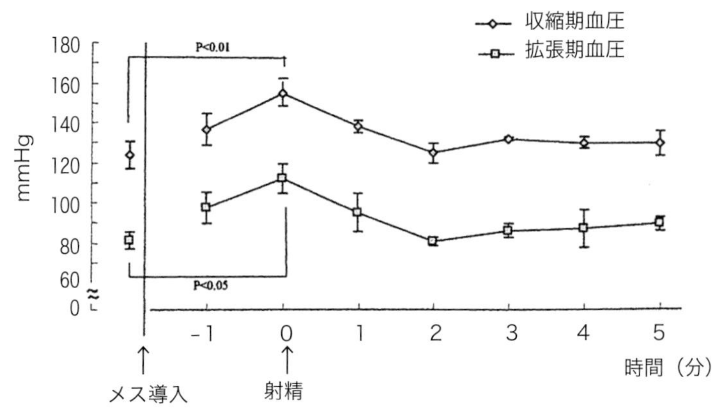

図６　オスラットの射精前後における血圧の推移

安静時の収縮期血圧は123.8±6.6 mmHgですが、発情メス導入後上昇（135.6±8.1 mmHg）し、射精時では154.5±5.9 mmHgと最大値を示し、安静時と比較して有意に高い値が認められます。射精後に漸次減少傾向が見られ、安静時の値を示すようになります。

安静時の拡張期血圧は81.5±4.1 mmHgですが、メス導入後上昇（97.4±7.9 mmHg）し、射精時では112.1±7.3 mmHgと最大値を示し、安静時と比較して有意差が認められます。射精後に漸次減少傾向が見られ、安静時の値にもどります。

さらに、射精前後（60秒間）の血圧変動について精査したところ、収縮期血圧および拡張期血圧は心拍数とは異なり、射精10秒後に最大値を示すことが判明しています。

3　カテコールアミン

カテコールアミンとはカテコール核をもつ生体アミンのドパミン、ノルアドレナリン（米国名：ノルエピネフリン）、アドレナリン（米国名：エピネフリン）の総称です。ノルアドレナリンは主として交感神経終末から遊離されるのに対し、アドレナリンは副腎髄質から分泌されます。ノルアドレナリンは血圧上昇作用が著明であり、アドレナリンの分泌は低血糖、出血、その他さまざまのストレスによって引き起こされます。

交尾行動における血中ノルアドレナリンおよびアドレナリン濃度の測定（図７）を行った結果、図８に示すような成績が得られます(18)。

安静時のノルアドレナリン濃度は248.5±22.5 pg/mLですが、

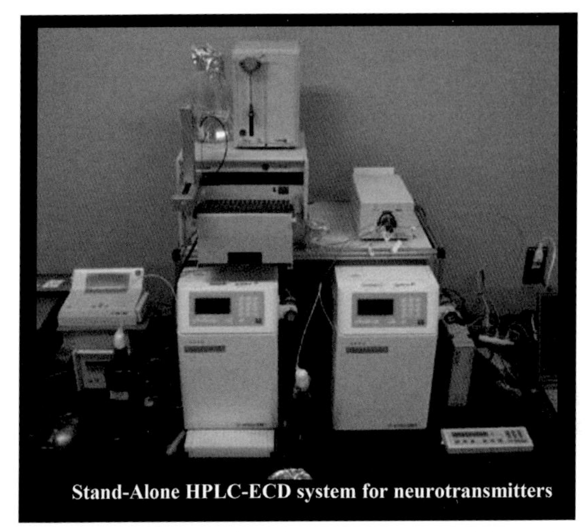

図７　微量生体試料分析システム（寺田節原図）

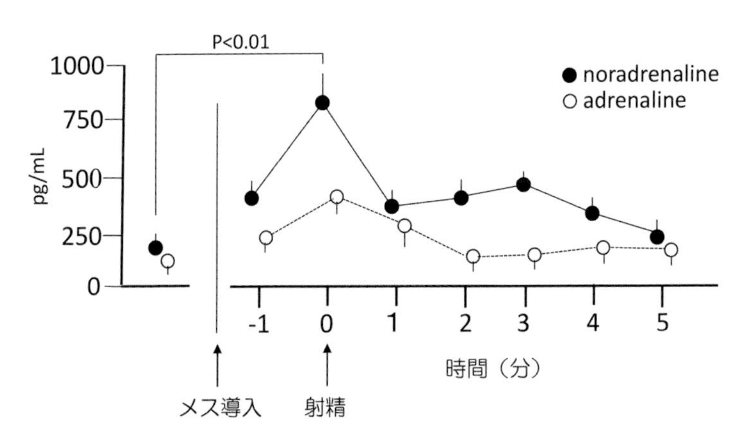

図８　オスラットの射精前後の血中アドレナリンおよびノルアドレナリン濃度の変化

メス導入後では429.5±121.1 pg/mL と上昇し、射精時には792.7±154.0 pg/mL と最大値を示し、安静時と比較して有意に高い値です。射精後、ノルアドレナリン濃度は漸次減少傾向を示し、５分後には安静時の値にもどります。

一方、アドレナリン濃度はノルアドレナリンと同じような推移を示すものの、有意な増減は見られません。

Episode 8

男性の性的覚醒に見られる性反応とは？

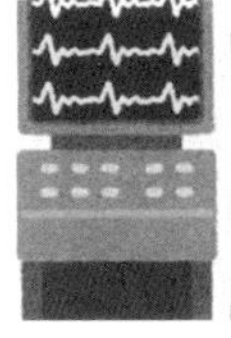

男性の性的覚醒における心臓血管と神経内分泌の反応にも、ラットの交尾行動において見られた性反応と同じような傾向が見られています。

ただし男性の場合、10人の健康な男性ボランティアの性的興奮とオルガスムスに対するデータです（Kuger et al., 1998, 2003）。マスターベーション誘発性オルガスムスの前、最中、後に継続的に採血し、対照条件下で得られたサンプルと比較しています。その結果、以下のように述べています。オルガスムスは心拍数、血圧およびノルアドレナリン血漿レベルの一時的な上昇を引き起こします。プロラクチン血漿レベルはオルガスムス間に増加し、オルガスムスの30分後にも上昇したままです。しかし、他のホルモン（オキシトシン、バゾプレシン、LH、FSH およびテストステロンなど）の血漿濃度は、性的興奮およびオルガスムス間ともに、変化が見られていません。

Episode 9

性交中の男性の位置と心拍数と血圧？

Episode 8では、男性のマスターベーションによる性的興奮、オルガスムスにおける神経内分泌反応を取り上げていますが、ここでは正常男性の性行為中の心拍数と血圧の反応について、Nemec et al.（1976）の論文から見てみましょう。この論文では、性交中の男性の姿勢が心拍数と血圧の反応に及ぼす影響を調べています。24～40歳の８人の男性が妻との性行為中に寝室のプライバシーで調査され、合計35回の性交エピソードが調査されています。16回は男性オントップ（正常位）、19回は男性オンボトム（騎乗位）での性行為がなされています。

オルガスムス時のオントップの最大平均心拍数は114回／分、平均血圧は161/77 mmHg（最大血圧／最小血圧）、一方オンボトムでは117回／分、163/81 mmHg であり、両者間に統計学的有意差は見られていません。すなわち、正常位、騎乗位での性交中の男性の心拍数と血圧反応には変わりがないと述べています。ちなみに、本論文での男性の安静時の心拍数は60〜80回 / 分、平均血圧は125/75 mmHgです。

愛の死？

英語でLove Deathと言います。性交中に、突然に死亡する状態を示した言葉です。性行為中に心拍数や血圧が正常時に比べて著しく上昇し、その結果、心筋梗塞、脳出血、不整脈などが原因で突然死してしまうこと、しかも高齢者だけでなく、30〜40代のはたらき盛りの男性にも起こりうる恐ろしい死因です。

Lange et al.（2017）の論文によると、1972〜2016年の45年間に3,800例の剖検が行われ、その内99例（マスターベーションでの死亡30例含む）が性行為中に死亡したと述べています。死亡時の平均年齢は57歳で、死因は冠動脈疾患、心筋梗塞、脳出血などです。

愛の死は、春〜夏に、またパートナーとして売春婦との性行為中に多発しているそうです。

性行動の観察

オス齧歯類の交尾行動の測定は、基本的には観察ケージに発情メスと同居させてスタートします。

1　発情メスの準備

パートナーとして用いるメスは、膣垢像の検査により発情前期であることを確認した個体（図９）、あるいは卵巣の摘出後エストロゲン（＋プロゲステロン）を投与して人為的に発情させた個体のどちらかです。

2　ロードシス商

メスの発情行動（ロードシス）を定量的に測定する際、指標となるのがロードシス商（lordosis quotient: LQ）で、オスのマウントに応じてメスがロードシスを示す割合です（LQ＝ロードシスの回数 / マウントの回数）。LQ はメスの性的受容性を客観的に評価するには都合がよい指標で、１に近づくほど強い発

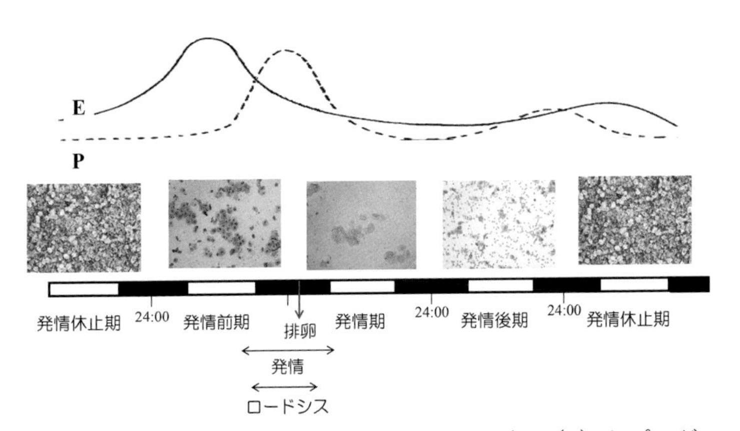

図９　ラットの性周期における血中エストロゲン（E）とプロゲステロン（P）の推移および膣垢像の変化

発情前期の膣垢像は有核上皮細胞によって占められている。

情を示します。先の発情メスラットのLQの値は、エストロゲン（＋プロゲステロン）誘発個体と自然発情（発情前期）個体でほぼ同じであることが確かめられています(19)。

3　ラットの交尾行動パターン

既に前章で述べましたが、ここでは少し詳しく説明します。発情メス導入後、オスはメスの会陰部のニオイ（発情フェロモン）を嗅いで探索します。一方、発情メスはオスの行動に対して、ピョンピョン跳ね回るhoppingや急速にオスに突進するdartingという特徴的な行動パターン（勧誘行動：solicitation）でオスから逃れます。オスはメスの行動に反応して、メスを追尾します。このような探索行動が繰り返された後、オスはメスの腰部に乗駕し、骨盤をスラスト（pelvic thrusting）させます（マウント：mount）。スラスト直前からスラストの間、オスは前肢でメスの腹側部をつかみ、メスの皮膚に触刺激を与えます。メスはその刺激に対して脊柱湾曲の姿勢（ロードシス）をとります。このメスの姿勢によってオスはペニスを膣に挿入することができます。マウントのすべてがペニスの膣への挿入を伴っているわけではありません。ペニスの挿入が生じると、亀頭への感覚刺激によって後方への飛び退き反射行動（backward jumping）が起こります。ペニスの挿入を伴うマウントをイントロミッション（intromission）とよび、挿入を伴わないマウントと区別されます。イントロミッション直後に射精の有無にかかわらず、オスはペニスを必ずなめる行動（penis licking）が見られます（マウント直後には必ず見られるとは限りません）。

このようにマウントとイントロミッションを繰り返した後、射精（ejaculation）に至ります。射精は、比較的長いイントロミッションに続き、突然のスラストの停止、そしてオスの前肢がメスからゆっくりと離れますが、イントロミッションで見られるような後方へのジャンピングは起こりません。射精後、オスはしばらく休息（性的不応期）します。メスの導入から性的不応期の終了までを１回の射精シリーズと言います。その後、射精シリーズが数回繰り返されます。

シリアンハムスター、マウスの交尾行動パターンもラットと同じで、マウント、挿入、射精、性的不応期からなります。シリアンハムスターの挿入は数回のスラスト後、激しいスラスト（deep thrust）が見られ、この時一瞬の静止状態を示します。その後、ラットに比べて緩慢な後方への飛び退き反射行動が観察されます。マウスの射精が起こると、オスマウスは挿入姿勢の

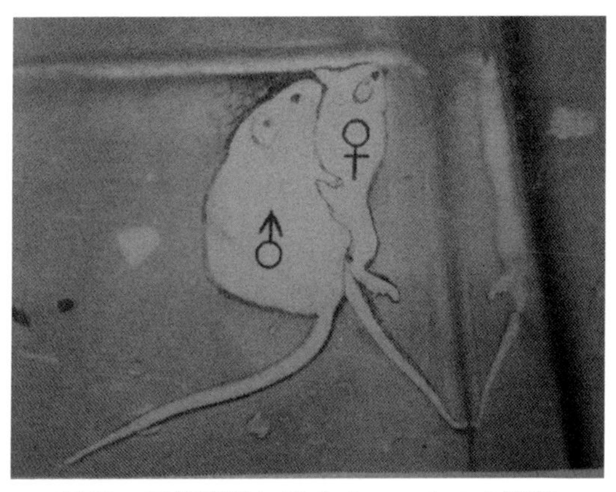

図10　射精直後に示すオスマウスの横転

まま、前後肢を硬直させ十数秒メスにしがみつき、その後メスとともに横転します（図10）。

4　超音波発声

射精シリーズを通し、超音波の発声が確認されています。ここでは、私たちの研究室の社会人大学院生であった加藤の観察した、ラット、マウスおよびシリアンハムスターの交尾行動場面における超音波の発声について紹介します(20)。

超音波の測定には図11に示すような超音波測定システムを

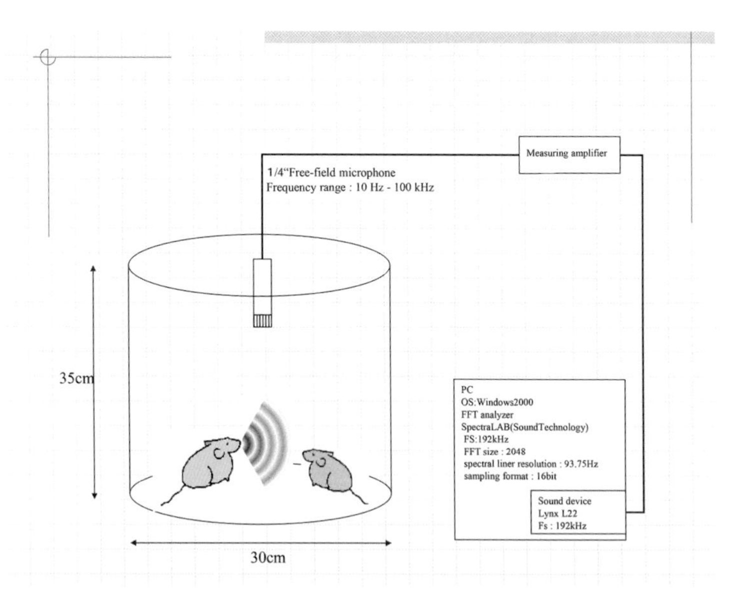

図11　超音波測定システムによる射精シリーズの観察（加藤雅裕原図）

用います。交尾行動場面において、ラット、マウスおよびシリアンハムスターともに超音波の発声が観察されます。それぞれの発声周波数はラットで51±3kHz（平均値±標準誤差）、マウスで67±11kHz、シリアンハムスターで33±6kHzであり、それぞれの音声の持続時間はラットで約0.033秒、マウスで約0.039秒、シリアンハムスターで約0.044秒です（図12）。

射精前後のオスラットの発声周波数とその発声持続時間について、興味深いデータが得られています。射精前では先に述べ

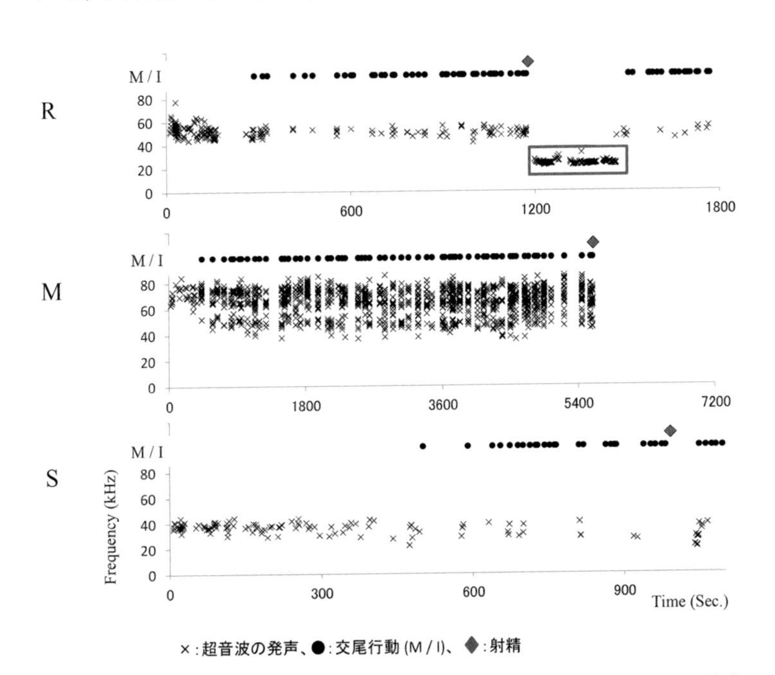

図12　ラット（R）、マウス（M）およびシリアンハムスター（S）の射精シリーズにおけるオスの超音波発声の比較

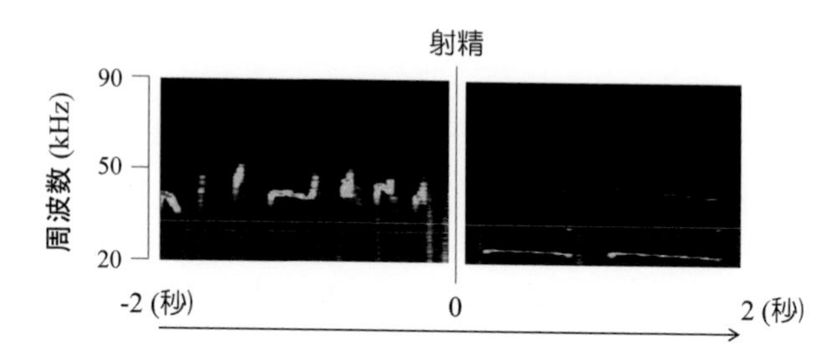

図13　ラットの射精前後の超音波発声
射精前に50 kHz、射精後に22 kHz の超音波発声が見られる。

たように、約51 kHz の周波数で0.033秒の持続時間でしたが、射精後の周波数は22 kHz で持続時間は約0.531秒であり、射精前後の音声周波数と、その持続時間において大きな差異が見られます（図13）。射精後の性的不応期に、オスは腹部を床について静止（sprawl）していますが、22 kHz の発声の停止後、再びメスに対する追尾行動が開始され、次の射精シリーズに移行していきます。

一方、マウスには射精後の超音波発声は確認されておらず、シリアンハムスターでは発声周波数とその持続時間は交尾行動場面で観察されたものと明確な差異は認められません。

交尾行動の測定

オスの交尾行動を定量化するために、図14に示すようないくつかの指標について計測されています。

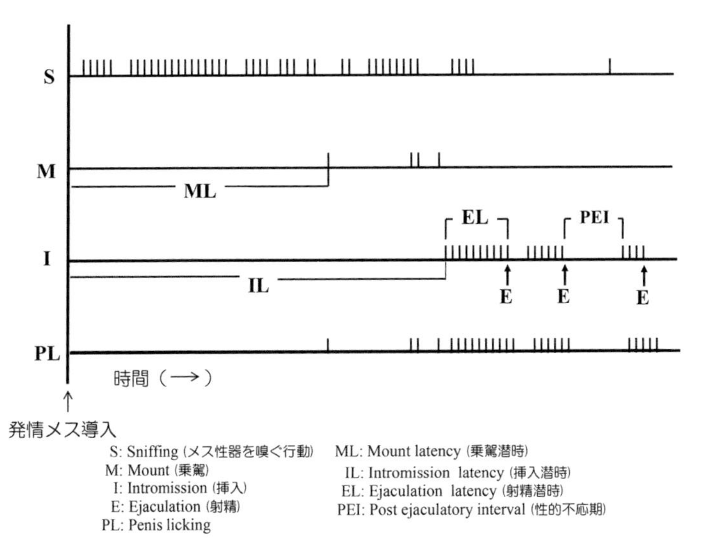

図14　ラットの交尾行動パターン

1　交尾行動の指標

①マウント頻度（mount frequency: MF）：各射精シリーズにおけるマウント回数。この指標は性的動機づけの上昇、ペニスの感受性や勃起能力の低下により増加します。

②挿入頻度（intromission frequency: IF）：各シリーズにおける挿入回数。この指標は射精閾値を反映すると考えられます。

③ヒットレイト（hit rate: HR）：各シリーズにおけるマウント回数と挿入回数の相対的な比率（I / 〈M + I〉）。オスの勃起能力やペニスの感受性に敏感な指標となります。

④射精頻度（ejaculation frequency: EF）：一定時間内の射精回数。

⑤マウント潜時（mount latency: ML）：発情メスの導入から最初のマウントが起こるまでの時間。

⑥挿入潜時（intromission latency: IL）：メスの導入から最初の挿入が起こるまでの時間。

⑦射精潜時（ejaculation latency: EL）：各シリーズにおける最初の挿入から射精が起こるまでの時間。EL と IF は射精閾値の評価指標として用いられます。

⑧射精後挿入潜時（post-ejaculatory interval: PEI）：各シリーズにおける射精から次のシリーズの最初の挿入までの時間。性的不応期ともよばれ、前述したラットでは22 kHz の超音波発声が見られます。

⑨挿入間間隔（inter intromission interval: III）：各シリーズにおける射精までに、どのくらいの頻度で挿入を示すか、という指標。EL/IF の分数式で表します。

交尾行動パターンにおける上記に示した指標の値は、どのような意味合いがあるのでしょうか？　オス動物の交尾行動の発現や射精に至る過程には性的覚醒機構（sexual arousal mechanism）と挿入射精機構（intromission and ejaculation mechanism）があると言われています。

Beach（図15）によれば、性的覚醒機構の活動性が交尾閾値を超えるとオスは交尾行動を始め、次いで挿入射精機構の支配下に移り、間欠的な挿入の繰り返しによって射精閾値に達した

図15　Dr. Beach（中央）を囲んで Dr. Moltz と筆者
（CRB, Asilomar, CA, 1985）

ときに射精し、その後再び性的覚醒機構の支配下にもどると説明しています(21)。したがって、挿入・射精回数の減少ならびにマウント・挿入・射精および射精後挿入潜時の延長は交尾能力の低下と考えられ、たとえば加齢に伴うオスラットおよび覚醒剤の投与ラットに見られます（後述）。一方、各回数（マウントを除く）の増加ならびに各潜時の短縮は交尾能力の亢進と考えられ、その一例として催淫薬処置ラットに見られます（後述）。

2　オス動物の交尾行動の特徴

表１にオス動物が30分間の発情メスとの同居で示した交尾行動パターンの各指標の中央値（最小値－最大値）を示します。ただし、30分間で全例のオスに射精が見られない動物種については２時間、２時間でも見られない場合は10時間の観察を行っています (22-28)。

一定時間内の射精回数（EF）が多い実験動物としてラット、シリアンハムスターが挙げられ、両者は挿入回数（IF）も多い傾向を示しています。これに対して、マウスの射精は10時間

表１　オス動物の交尾行動パターンの比較

中央値（最小値－最大値）

動物種	例数	観察時間	乗駕回数	挿入回数	射精回数
マウス	5	10時間	—	—	1.0(1-2)
ハタネズミ	6	30分間	14.5(3-54)	22.5(11-88)	1.5(1-3)
シリアンハムスター	7	30分間	27.0(13-34)	36.0(10-66)	3.0(1-8)
ラット	5	30分間	9.0(7-13)	18.0(12-22)	3.0(2-3)
モルモット	7	2時間	4.0(1-13)	4.0(1-10)	1.0(1-1)
ウサギ	5	30分間	—	—	2.0(1-5)
スンクス	7	2時間	24.0(8-208)	5.0(2-22)	1.0(1-1)

動物種	乗駕潜時（秒）	挿入潜時（秒）	射精潜時（秒）	射精後挿入潜時（秒）
マウス	—	—	—	—
ハタネズミ	120(38-345)	137(34-773)	78(36-170)	349(317-778)
シリアンハムスター	483(198-833)	608(308-848)	240(95-486)	71(51-165)
ラット	152(124-459)	215(34-357)	383(258-1,038)	354(318-384)
モルモット	191(52-4,562)	242(80-3,271)	637(249-1,386)	—
ウサギ	—	—	—	—
スンクス	404(146-704)	1,092(426-5,254)	1,460(149-4,758)	—

注）マウスおよびウサギにおいては乗駕と挿入の区別が不明瞭（－として記載）

の観察において通常１回のみであり、５例中１例のみに２回の射精が見られます。

マウント潜時（ML）では各種動物とも顕著な差異は見られませんが、挿入（IL）および射精潜時（EL）ではスンクス、射精後挿入潜時（PEI）ではシリアンハムスターが他の実験動物との間に顕著な差異が認められます。

３　ラットの射精シリーズの特徴

ラットの射精シリーズ１～５における各指標の推移について、図16に示します(23, 29, 30)。

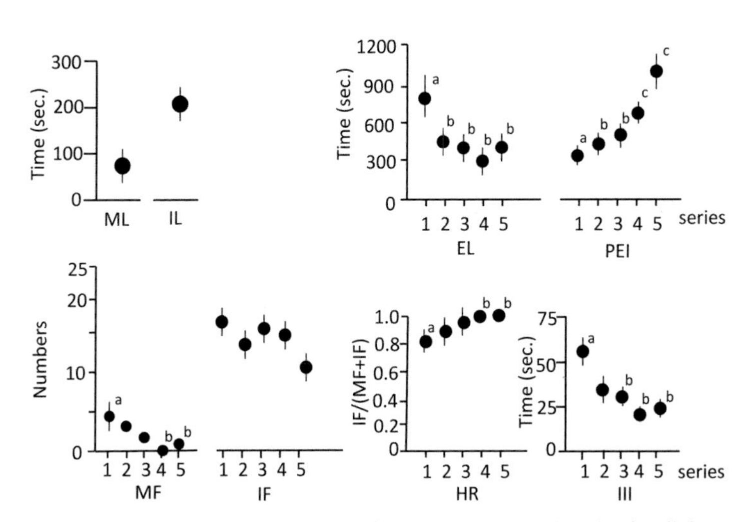

図16　オスラットの射精シリーズ１～５における交尾行動の指標の推移

（異なるアルファベット間で有意差あり）

射精シリーズ２以降の射精潜時は320～380秒であり、シリーズ１の値（約800秒）より著しく短い潜時を示します。マウント回数はシリーズ４、５で各0.1、0.6回とシリーズ１に比べて有意に低値を示し、ヒットレイト（HR）はシリーズ４、５で高値を、挿入間間隔（III）はシリーズ３以降で低値をそれぞれ示します。

一方、射精後挿入潜時はシリーズ１に対してシリーズ２以降で有意に延長します（$p<0.01$）。このような射精シリーズの経過に伴う射精後挿入潜時の延長は同一のメスに対して見られる現象ですが、たとえば射精後に新規の発情メスと交換することにより、射精後挿入潜時の延長は解消されるのでしょうか？

４　クーリッジ効果

クーリッジ効果（Coolidge effect）とは、米国第30代大統領カルビン・クーリッジ（Calvin Coolidge）夫妻が官営の実験農場を訪れたときの小噺に基づいており、哺乳動物のオスが新しい受容可能な性的パートナーと出会うと性的欲求を回復させ、既に馴染みの性的パートナーとの性交渉が途絶えた後にも再び起こる現象のことです。

ラットにおいても、この効果が見られます(31)。同一メスとの同居による射精後挿入潜時の延長は、射精シリーズ毎に新規の発情メスとの交換により、解消されたのです。つまり、新しい性的パートナーの存在が交尾行動の亢進につながったのです。

クーリッジ効果は、生殖の成功の可能性を高めるために複数の性的パートナーを探す動物の自然な傾向であると言われています。この効果は、ドパミンの分泌増加が動物の大脳辺縁系に作用することで引き起こされると考えられています(32)。

交尾行動パターンに影響する因子

ラットを始めとする哺乳動物の交尾行動パターンは、諸因子の関与によって影響されることが考えられます。いくつかの因子の影響について見てみましょう。

1　観察ケージの形態と大きさ

ラットの一連の性行動については既に述べた通り、メスの導入後、オスの探索行動に始まり、その行動に反応してメスの勧誘行動が起こり、オスの追尾行動、そしてマウント、挿入、射精に至り、この間にメスはロードシスを示します。

このようなラットの性行動パターンが観察ケージの形態およびその大きさに左右される可能性が考えられます。図17に示すようなケージの形態（円筒型、長方体型）および大きさにて、オスの交尾行動パターンを観察した成績を図18～20に示します(33)。

要約すると、①観察ケージサイズが同じであれば、ケージ形状の違いによる交尾行動パターンおよび産子数には影響が見られません。②ケージ形状に関係なく、観察ケージサイズが大きいほど、マウント回数の減少、挿入回数の増加（ヒットレイトの増加）、射精回数の増加、射精潜時、射精後挿入潜時および

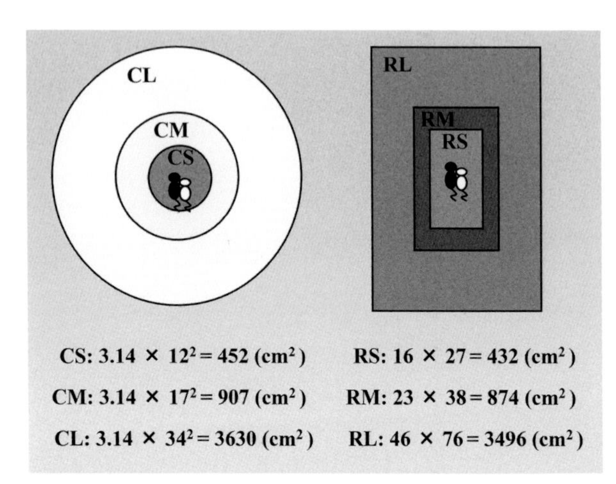

図17　観察ケージの形状（円筒型と長方体型）と大きさ（1：2：8の比率）

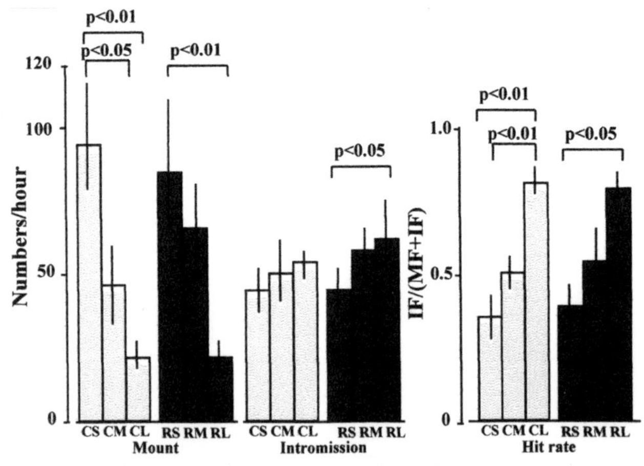

図18　観察ケージ（形状、大きさ）の違いによるラット交尾行動の変化－1

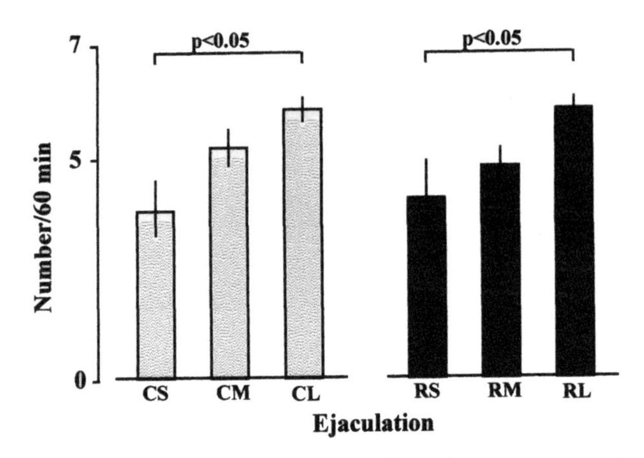

図19　観察ケージ（形状、大きさ）の違いによるラット交尾行動の変化－２

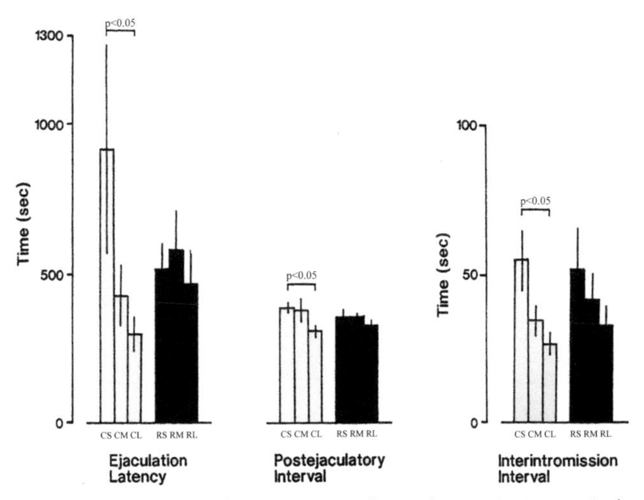

図20　観察ケージ（形状、大きさ）の違いによるラット交尾行動の変化－３

挿入間間隔の減少傾向が見られます。つまり、交尾行動の場面において観察ケージサイズが大きいほど、交尾行動の増加傾向が見られます。但し、実験室内での観察ケージの大きさが前提となります。

これらの結果より、今回検討した最も小さいCS、RSケージでは挿入射精機構の支配下において、十分な挿入を繰り返すことができず、射精閾値に達するまでの時間的遅延に至ったものと考えられます。

2　加齢性変化

ヒトを始めとする哺乳動物の性行動は、加齢に伴い減退することが知られています(34-37)。

最初に、ラットの加齢、それに伴うオスの一般的な生理現象について見てみましょう。系統差を考慮して、ここではWistar-Imamichi系ラットの成績を示します。

生存率：環境（温度、湿度、照明時間、換気回数など）のコントロール下でケージ内飼育されているラットの生存率は1年齢まで100%ですが、1年6カ月齢頃から下降し始め、2年齢で55%、2年6カ月齢で10%以下となります(図21)。したがって、ラットの寿命は2年6カ月〜3年と考えられます。

体重：0日齢（出生子）で5〜6g、21日齢（離乳子）で40〜50g、6週齢で170〜180g、以降78週齢（750〜850g）まで増加傾向を示し、104週齢では650〜700gに減少します。

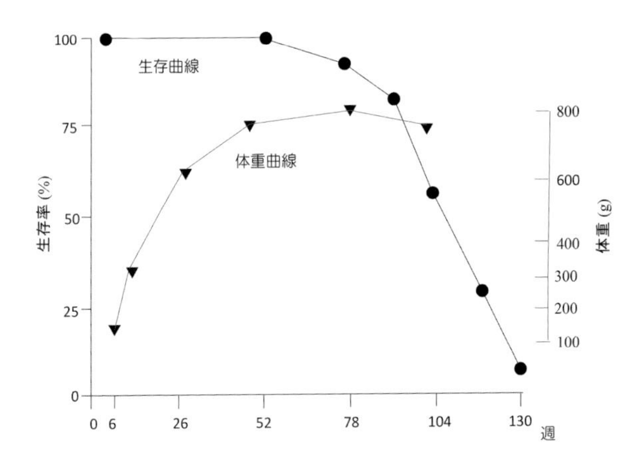

図21　オスラットの加齢に伴う体重と生存曲線の変化

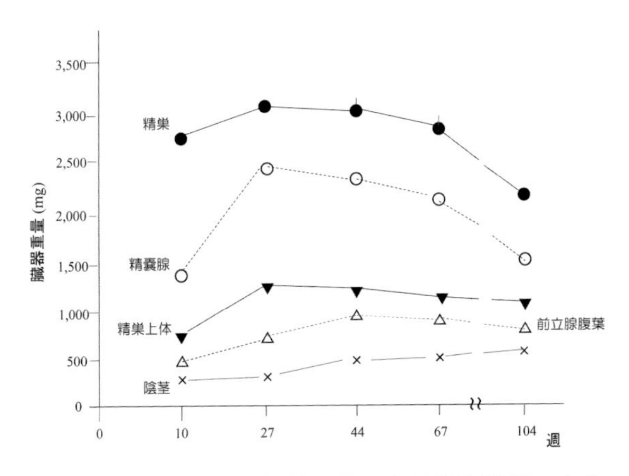

図22　オスラットの加齢に伴う生殖臓器重量の変化

生殖臓器：精巣、精巣上体、精嚢腺および前立腺腹葉の重量は27週齢、あるいは44週齢まで増加し、67週齢より減少傾向を示します（図22）。

精子数：７週齢で精巣上体尾部に精子が見られるようになり、その発現率は25％（精子数は約30万）で、８週齢で100％となり、精子数は漸次増加し、18週齢で最高値（約１億5000万）を示します。その後、減少傾向が見られます（図23）。

血清ホルモン濃度：性腺刺激ホルモン（LH、FSH）濃度には加齢に伴う変化は見られません。しかし、プロラクチンとテストステロン濃度については加齢性変化が見られ、プロラクチン濃度は67週齢、104週齢で有意な増加、テストステロン濃度は67週齢、104週齢で有意な減少を示します（図24）。

妊娠率：オスが若齢（８～10週齢）メスを妊娠させる割合、いわゆる妊娠率の意味です。オスの14～35週齢で100％、その後漸次減少し、60週齢で50％、78週齢で20％の妊娠率となり、95週齢（１年９カ月齢）のオスにはメスを妊娠させる能力は消失しています（図25）。

ラットの加齢に伴う交尾行動の低下については、私たちの研究室の大学院研究生であった外尾の観察成績(38, 39)から紹介しましょう。

加齢に伴い挿入・射精の発現率とそれら回数の低下、さらにヒットレイトの減少が見られます（図26）。一方、挿入・射精の潜時には増加傾向が観察されます（図27）。ちなみに、図28に加齢に伴う代表的な交尾行動パターンを示します。

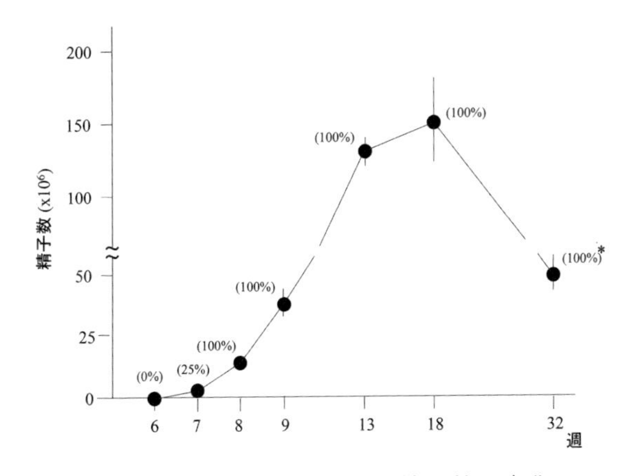

図23　ラットの加齢に伴う精子数の変化

＊発現率

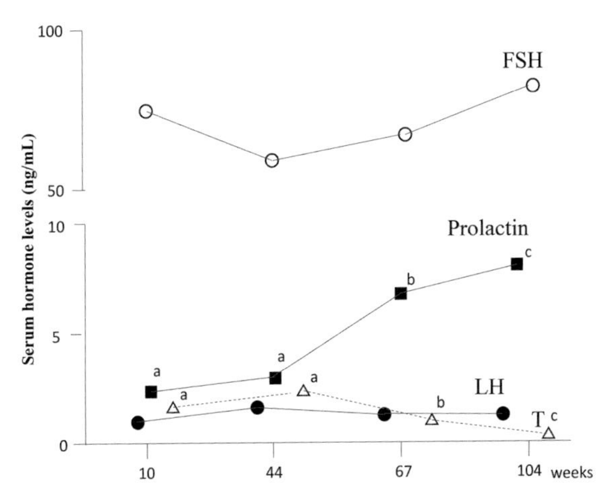

図24　ラットの加齢に伴う血清ホルモン濃度の変化
（異なるアルファベット間で有意差あり）

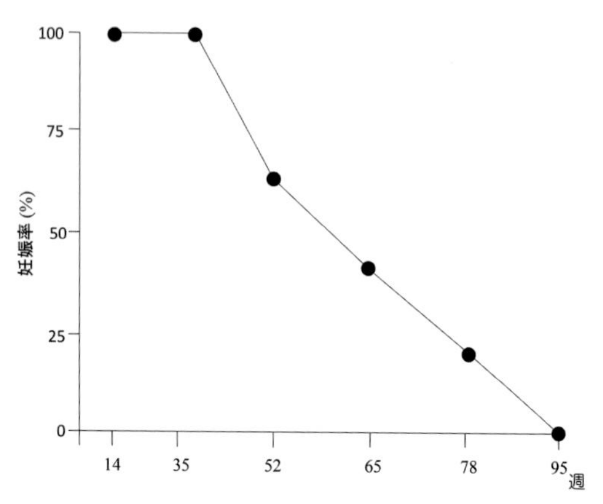

図25　オスラットの加齢に伴う妊娠率の変化
8〜10週齢の発情メスとの1：1交配（N=20）

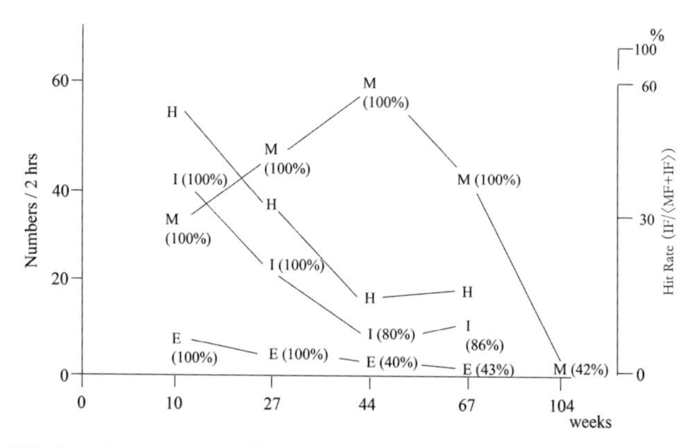

図26　オスラットの加齢に伴う交尾行動（M：マウント・I：挿入・E：射精の発現率と回数およびH：ヒットレイト）の変化

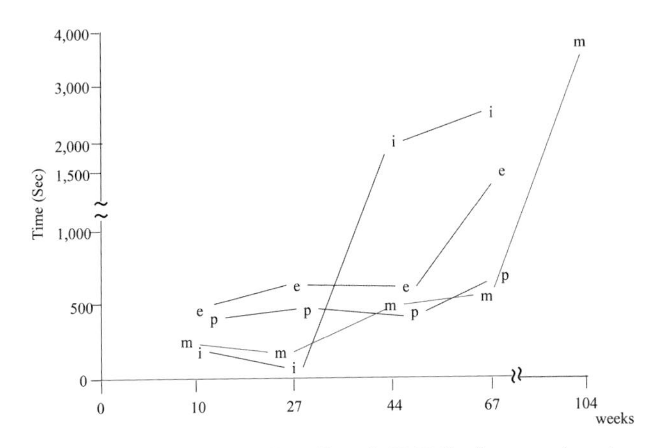

図27　オスラットの加齢に伴う交尾行動（m：マウント・i：挿入・e：射精・p：射精後挿入潜時）の変化

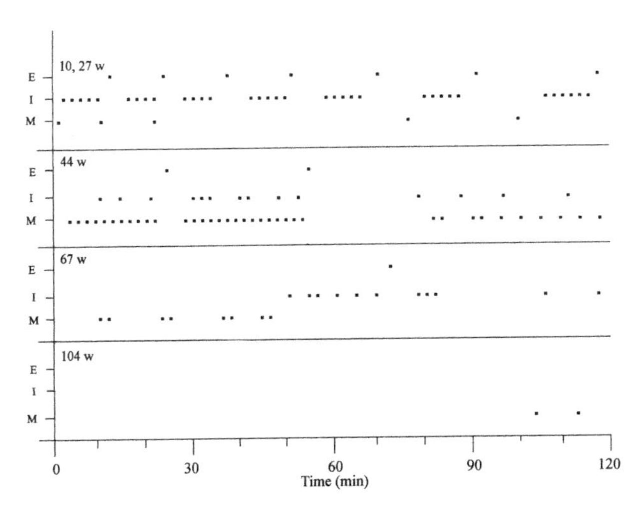

図28　オスラットの加齢に伴う交尾行動の典型的パターン

3　薬物

薬は使い方が正しければ、人間にとって、とても役に立つものです。しかし、薬を医療目的以外に使ったり、医療目的にない薬を不正に使ったりすることを薬物乱用と言います。

①覚醒剤：覚醒剤には「メタンフェタミン」と「アンフェタミン」があります。両者とも薬理作用には交感神経および中枢神経に対する興奮作用が認められています。メタンフェタミンは強力な性欲、多幸感、持久力および緊張感をもたらすため、以前から媚薬として使われていました(40)。単回投与（メタンフェタミン：1, 2, 4 mg/kg）におけるラットの交尾行動は4 mg/kg群でマウント、挿入および射精回数の減少、挿入潜時の延長が見られます。この投与群では自発運動の亢進ならびに常同行動の出現が認められます。単回投与で影響が見られなかった1 mg/kgの連続投与では、投与後6週で挿入、射精の発現はまったく見られなくなります(41)。

したがって、覚醒剤メタンフェタミンはラットの場合、交尾行動の発現に対して抑制効果を示すものと考えられます。

②ヨヒンビン（Yohimbine）：西アフリカ産アカネソウ科の植物ヨヒンベの皮に含まれるアルカロイドで、血管を拡張させ、性中枢の反射興奮性を亢進させます。この作用が催淫効果に結びつくとされ、ヨヒンビンは催淫薬の代表に挙げられて有名になりました(42)。

ヨヒンビンはラットの射精および射精後挿入潜時の短縮

を示し、交尾行動の亢進が認められます(43)。一方、高齢(52週)ラットの側脳室へのヨヒンビンの投与では、マウント回数の増加とマウント潜時の短縮が見られ、性的興奮が起こっているものの挿入、射精までには至っていません(44)。

４　糖尿病

糖尿病は、血糖値が病的に高い状態を示す病名です。糖尿病は１型と２型に分けられ、１型糖尿病では膵臓のランゲルハンス島のβ細胞が何らかの理由によって破壊されることで、血糖値を調整するホルモンの１つであるインスリンが枯渇し、高血糖、糖尿病に至ります。２型糖尿病では血中にインスリンは存在しますが、肥満などでβ細胞からのインスリン分泌量が減少し、筋肉、脂肪組織へのグルコースの取り込み能の低下、その結果として血中グルコースが肝臓、脂肪組織でグリコーゲンとして蓄積されず、血中グルコース値は高くなり、糖尿病となります。

糖尿病の合併症として性機能不全はよく知られており(45)、その発症率は糖尿病男子の35〜75%、健常人の２〜５倍と言われています。

ラットにストレプトマイシン（STZ）やアロキサン（尿素の酸化生成物）を投与することにより糖尿病の実験モデル動物を作出することが可能です。これらの薬物は膵臓のβ細胞に対する特異的毒性が高く、β細胞が破壊されることにより１型糖尿病になります。

STZ 誘発糖尿病ラット（STZ-induced diabetic rat）の交尾行動について観察したところ、マウント、挿入および射精回数に顕著な抑制傾向が見られ、血中テストステロン、性腺刺激ホルモン（LH、FSH）の血漿レベルも対照ラットと比較して有意に減少していました (46)。同じように、メスの STZ 誘発糖尿病ラットにおいてもロードシス行動（ロードシス商の減少）および勧誘行動の低下が観察されました (47)。

一方、Ammar et al. (48) は NPY（neuropeptide Y)-leptin（レプチン）の摂食行動に関する論文において、レプチンの脳室内投与によるラットの交尾行動の亢進（射精回数の増加）を明らかにしています。さらに、レプチンは STZ 誘発糖尿病ラットの交尾行動を回復させます (49)。

5　高プロラクチン血症

高プロラクチン血症（hyperprolactinemia）とは、何らかの原因により下垂体からのプロラクチン値が正常よりも常に高い値を示す 1 つの病態であると言われています。成人女性では持続的な高プロラクチン血症は性機能失調を引き起こすこと、また男性においても精子形成不全や交接不能の原因となることが知られています (50)。

プロラクチンの分泌は、常に視床下部からのプロラクチン抑制因子（PIF）の分泌によって抑制されています。では、どうすれば PIF の影響を受けることなく、プロラクチンの持続分泌を促すことができるのでしょうか？　それには下垂体移植が考えられます。ドナー（donor）動物の下垂体をレシピエント

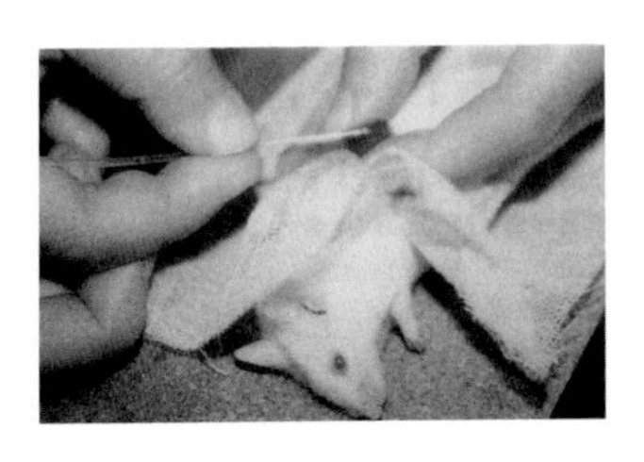
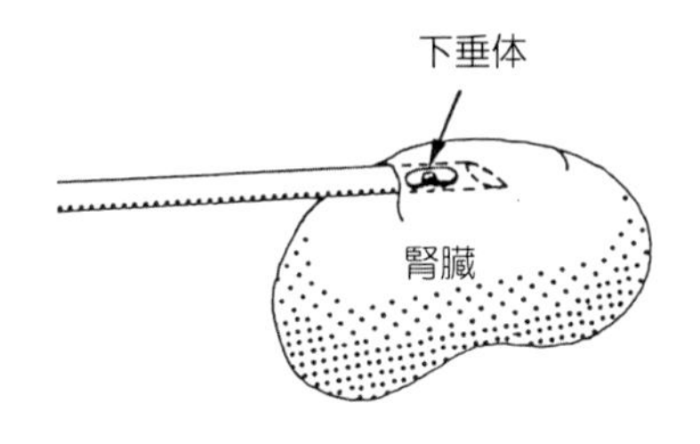

図29　下垂体の腎被膜下移植手術
移植された下垂体の前葉ではプロラクチンや性腺刺激ホルモン（LH、FSH）などは生産されるが、プロラクチンのみの分泌である。

(recipient）動物の腎被膜下に移植します（図29）(51)。すると、移植された下垂体で産生されたプロラクチンはPIFの分泌から解除され、持続的に血中に放出されます。その結果、血中プロラクチン濃度の上昇に伴い、オスの交尾行動の低下が確認されます。図30、31に示すように、下垂体2個移植ラットでは無処置群に比べて挿入・射精回数の減少、挿入・射精潜時の延長および血清プロラクチン濃度の増加（表2）が見られます(52)。前述の交尾行動の低下を示した高齢ラットに高プロラクチン血症が確かめられています(37)。

このような下垂体移植ラットに見られる交尾行動の低下現象は、高プロラクチン血症やパーキンソン病などの治療薬として用いられているブロモクリプチン（bromocriptine: CB-154）の投与により、血中プロラクチン濃度の抑制効果が表れ、その結果として交尾行動の回復に至っています(53)。

次に、先の寺田がゼンメルヴァイス大学（Semmelweis Univ.）

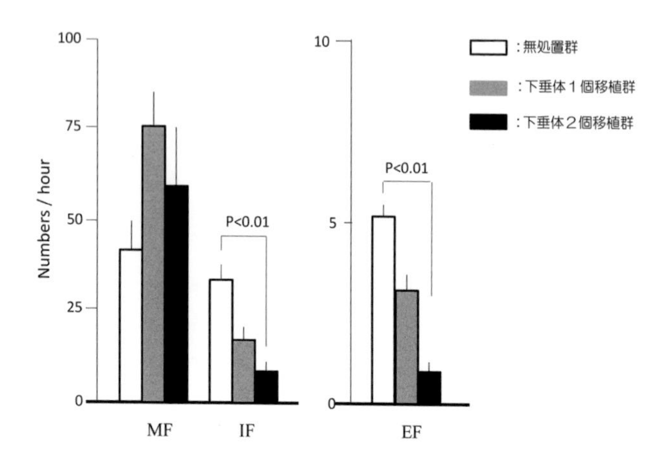

図30　下垂体移植ラットの交尾行動（マウント・挿入・射精の回数）

10週齢のオスラットの腎被膜下に下垂体１、２個が移植された。

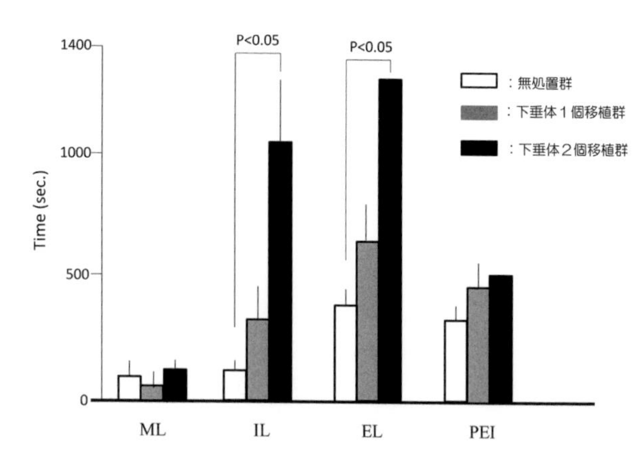

図31　下垂体移植ラットの交尾行動（マウント・挿入・射精・射精後挿入潜時）

表2　下垂体移植ラットの血清ホルモン濃度

各群6例の平均値±標準誤差

	無処置群		下垂体（2個）移植群
LH（ng/mL）	1.3±0.2		1.3±0.2
FSH（μg/mL）	63.5±13.6		97.4±9.9
Prolactin（ng/mL）	3.1±0.9	＊	7.2±1.5
Testosterone（ng/mL）	2.1±0.3		2.6±0.2

＊ $p<0.05$

医学部に留学していた頃（2004年）、ナジー教授（Prof. Nagy, GM）の研究室で行っていた実験を紹介しましょう。ちなみに、彼はサルソリノール（salsolinol: SAL）の生みの親で、視床下部ニューロンによって生産されるSALが下垂体前葉からプロラクチンを選択的に放出する、いわゆるプロラクチン放出因子であることを突き止めた神経解剖学者です(54)。

このSALをオスラット（発情メスの暴露前）に投与することにより、交尾行動の低下（ML、ILの延長、IFの減少）、さらに射精発現率の減少が観察されました。このことは、下垂体移植ラットと同じように血漿プロラクチン濃度の増加に起因しています(55)。さらに、SALによる血漿プロラクチン濃度の上昇は、SALの拮抗物質である1-methyl-3,4-dihydroisoquinoline（1MeDIQ）の投与により抑制することが明らかとなり(56)、この1MeDIQの投与により、CB-154の投与と同じように、SALで低下した交尾行動の回復も可能であると考えられます。

陰茎反射（反射勃起）

Hart (57) は、ラットの勃起機能を調べるために、シリンダーの中に仰臥位で上半身を入れて拘束し、陰茎亀頭を包皮から露出させて包皮基部に軽く圧を加えると勃起が起こることを報告しています。その後、勃起の誘発には必ずしも物理的な刺激は必要ではなく、陰茎を包皮から露出して放置するだけでも数分後には勃起が生じることを認めています（図32）。この反応を陰茎反射（penile reflex）または反射勃起（reflexive erection）と称しています。

陰茎反応には、勃起と陰茎フリップ（penile flip: F）とよばれる反応があります（図33）。勃起は亀頭の伸展と膨満を特徴とし、陰茎本体が血液で満たされると亀頭の発赤（erection: E）

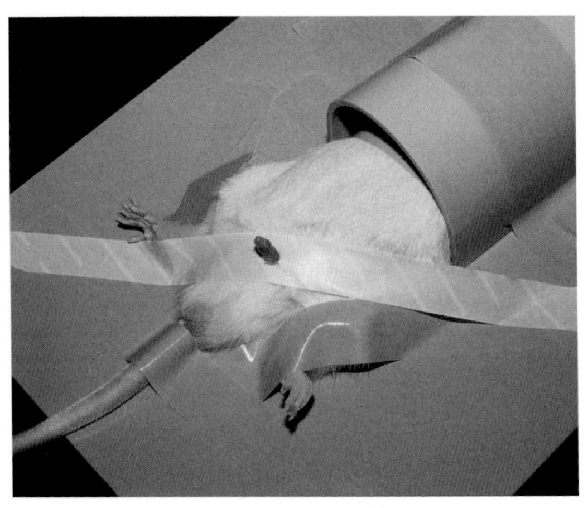

図32　ラットの反射勃起テスト

図33　ラットの勃起と陰茎フリップ
（近藤保彦原図）

が見られます。さらに、勃起が進行すると陰茎カップ（penile cup: C）とよばれ、亀頭の遠位縁がフレア（flare）し、トランペット状を示します。陰茎フリップは亀頭の背屈運動であり、ほとんど勃起は伴いません。

上記の分類による勃起（E、C）とフリップ（F）の発現について、ラットの系統および加齢との関連性について見てみましょう。

1　ラットの系統差

Wistar、SDおよびFischer系ラットの陰茎反射について、生後23〜62日まで15分間の観察が行われました。その結果、すべてのWistarおよびSDラットは、血漿LHおよびテストステロン濃度が51日齢でピークに達する前に勃起（E、C）およびフリップ（F）を示しました。それに対して、Fischerのオスではこれらのホルモンのピークレベルの前後にE、Fが見られ始めましたが、Cは観察終了の62日齢まで見られませんでした(図34) (58)。

したがってFischer系のオスの陰茎反射の発達は、Wistarお

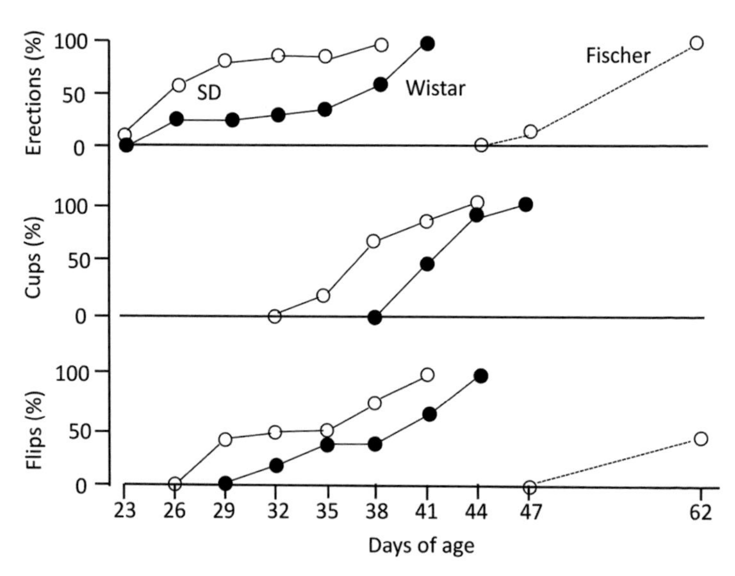

図34　SD、Wistar、Fischer系ラットの陰茎反射の春機発達

よびSD系よりも遅いものと考えられます。

2　ラットの加齢性変化

Wistar-Imamichi系ラットにおける陰茎反射について、若齢（10週齢）と高齢（44週齢）ラットの比較観察を行ったところ、図35に示すように高齢ラットの勃起（E、C)、フリップ（F）の発生率とその平均回数は、若齢ラットに比べて有意に低い値を示しました(59, 60)。

高齢ラットの陰茎反射は、前述の加齢に伴うオスラット（発情メスに対する）の交尾行動と同じように低下傾向を示しています。

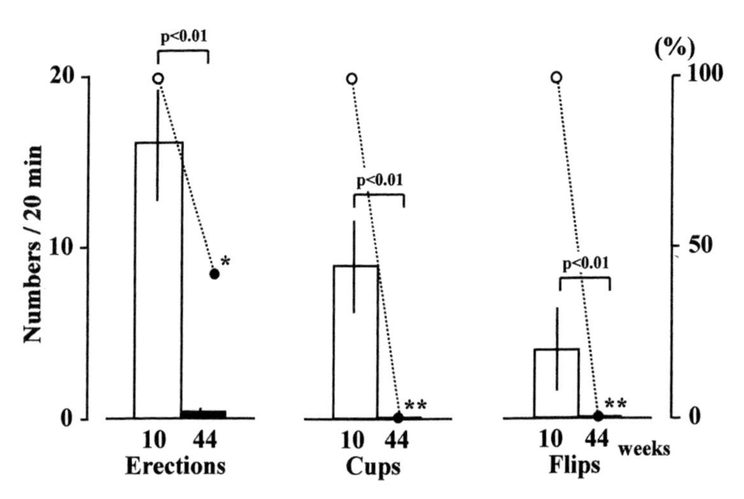

図35　若齢および高齢ラットの陰茎反射の出現率と頻度（平均値±標準誤差）*p<0.05, **p<0.01

非接触性勃起

発情メスラットからの非接触刺激が性的に経験のあるオスラットの陰茎勃起を誘発することを示した、興味ある報告があります(61)。交尾経験のあるオスラットをワイヤーメッシュバリアーによって発情メスと接触できないようにすると、陰茎に対する触刺激がなくても自発的な勃起が起こります。これを非接触性勃起（noncontact erection: NCE）とよび、この現象はヒトにおける心因性勃起のモデルになると考えられます。

非接触性勃起は精巣摘出ラットには発現しませんが、テストステロンプロピオネート（testosterone propionate: TP)、あるいはジヒドロテストステロン（dihydrotestosterone: DHT）の投与により再現します。しかし、安息香酸エストラジオール（estradiol benzoate: EB）には、その再現効果は認められません。このような性ホルモンのプロフィールをもった非接触性勃起反応は反射勃起と同様に脳内のアンドロゲン感受性システムに依存していると結論づけられますが、腰仙脊髄のアンドロゲン感受性ニューロンの役割も果たしている可能性があるとも言われています(62)。

非接触性勃起の誘因物質、つまり発情メスからの発信信号として、たとえば音声（超音波)、ニオイなどの感覚刺激が考えられます。メスとの仕切りのワイヤーメッシュを不透明な板（視覚刺激の遮断）に交換しても、メスの下喉神経の切断による超音波を含む音声を阻害（聴覚刺激の遮断）しても非接触性勃起は生じます。しかし、オスの嗅球を摘出することにより無嗅覚症にしてしまうと非接触性勃起の発現が消失することから、発情メスから発せられる嗅覚シグナル（嗅覚刺激）が非接触性勃起を誘導する主たる誘因物質であると指摘しています(63)。

薬物誘発射精

p-クロロアンフェタミン（p-chloroamphetamine: PCA）は、セロトニン神経シナプスでのセロトニン（serotonin: 5-HT）の再取り込みを阻害し、セロトニンの放出を促進します。この過剰なセロトニンの放出は、脳内のセロトニン受容体に作用し、脳内で重要な機能を果たしています。PCAの投与後、セロトニン放出に起因すると考えられる、ラットの射精、唾液分泌の増加、体温の低下などの影響をもたらします(64-66)。

PCAによる射精反応には種差が見られており、50％の動物に射精が発現する用量（effective dose in dose: ED50）ではラットは1.3 mg/kg、シリアンハムスターは0.11 mg/kgですが、マウスでは致死量に近い用量（40 mg/kg）においても射精は認められません(67)。

既に述べたように、加齢に伴う交尾行動の低下は明らかで、発情メスに対する高齢オスラットの交尾行動パターンには射精が見られていません。しかし、PCAによる誘起射精は可能です。高齢（14〜18カ月齢）ラットにも、若齢（10週齢）ラットと同じ用量（2.5 mg/kg）で100％の射精が見られます(68)。さらに、高齢ラットから得られた精液を発情メスの子宮角、あるいは卵巣嚢に注入することにより、妊娠が成立し、新生子が得られています(69)。

この手法は、生殖能力が衰退した種、いわゆる絶滅の危機にある希少動物の復活に応用できる可能性があるかもしれません。

1　PCA自発射精と内側視索前野の神経活性

Yokosuka et al. は、PCA投与による自発射精（PCA群）と発情メスとの交尾による射精（交尾群）の射精後におけるオスラットの内側視索前野の神経活動性について述べています(70)。

交尾群のオスラットの内側視索前野にはc-Fosタンパク質（活性化した神経細胞のマーカー）陽性細胞の明らかな上昇が見られますが、PCA群のオスにはc-Fosの上昇は確認されませんでした（図36、37）。

したがって、PCAによって誘発される射精は交尾行動の中

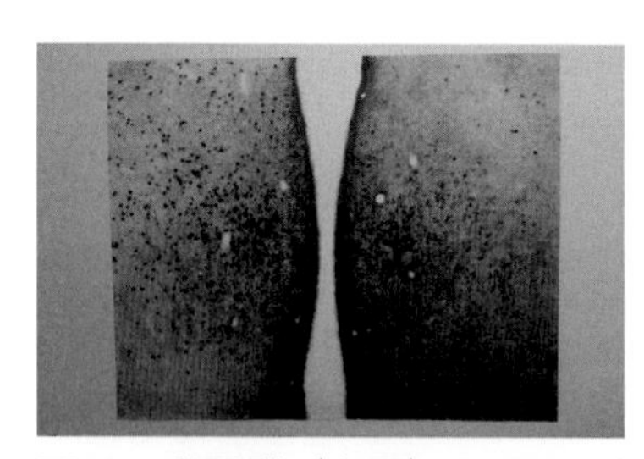

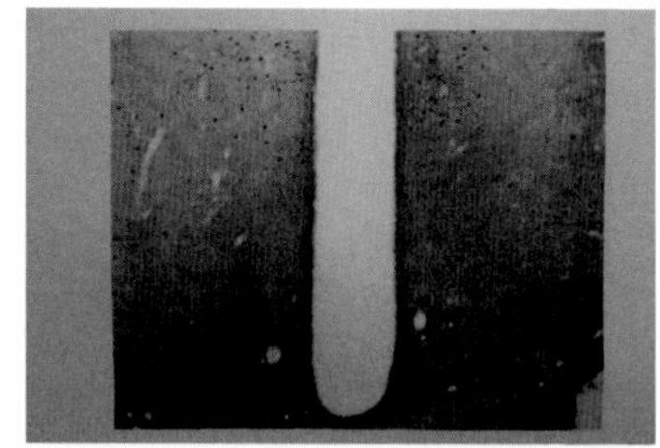

図36　交尾群（左図）とPCA群（右図）における射精後の内側視索前野のc-Fosタンパク質の発現

c-Fosタンパク質の発現は交尾群には観察されたが、PCA群にはほとんど観察されていない。

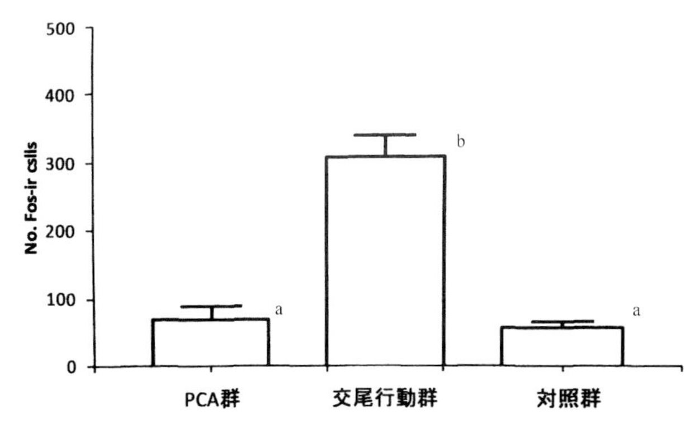

図37　内側視索前野の c-Fos 陽性細胞の定量分析
（異なるアルファベット間で統計学的有意差あり）

心的なはたらきである内側視索前野との関連性はないものと指摘しています。つまり、PCA 投与による自発射精は、内側視索前野などの交尾行動の一般的な大脳中枢を介するのではなく、主に脊髄におけるセロトニン作動性作用によって媒介されると考えられます。

2　PCA自発射精と超音波発声

既に述べたように、交尾群（発情メスとの交尾）のオスラットでは射精後に特徴的な超音波の発声が見られました。しかし、PCA 群のオスでは射精後の超音波発声は確認されていません (66)。両者の超音波発声の有無は、内側視索前野（MPOA）の神経活動との関連性が考えられます。

交尾群のオスラットでは、MPOA の温度変化は射精前に加熱され、射精後に急速に冷却され、性的不応期の終了と同時に再び加熱し始め、次の射精シリーズに移行することが報告(71)されており、射精後の超音波の発声がMPOAの迅速な冷却を伴うものであると示唆しています(72)。これに対して、PCA群では前述に示した通り、射精前後にMPOAの神経活動（温度）変化が起こっておらず、射精後の超音波発声には至らなかったものと考えられます。

生殖行動と脳

冒頭に示した通り、オスの交尾行動において中心的な役割を果たしているのが視床下部の内側視索前野です。

今回、もう1つの生殖行動である母性行動については言及していませんが、オス動物にも見られているのです。オスは新生子の暴露（常に新生子との同居）により、母性行動を示すようになります(73)。

母性行動の開始や維持に内側視索前野の関与が、これまでの破壊実験やホルモンの移植実験から指摘されています。内側視索前野はエストロゲンの取り込みが高く、微量エストロゲンの移植により精巣摘出ラットの母性行動開始までの潜時を短縮させます(74)。したがって、内側視索前野はメスと同様にオスの母性行動において、エストロゲン作用を仲介とする神経回路の存在が示唆されます。

最後に、ネズミの生殖行動を制御している主たる神経回路について見てみましょう。感覚刺激、特に嗅覚刺激（フェロモ

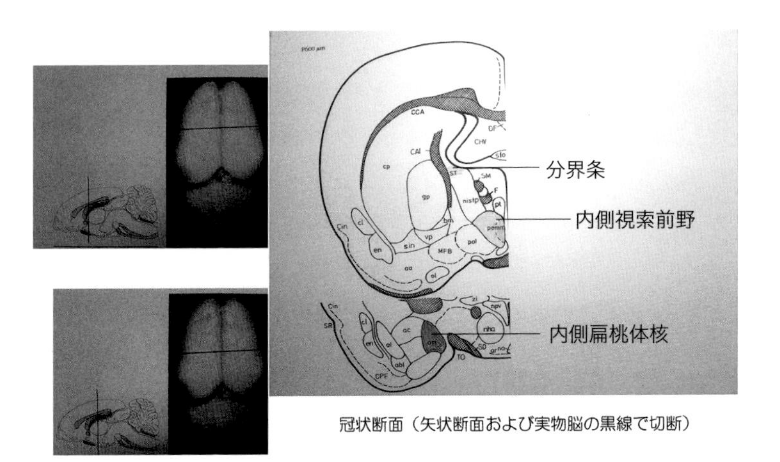

図38　ラット脳の神経核
（生殖行動の神経回路、副嗅覚系）

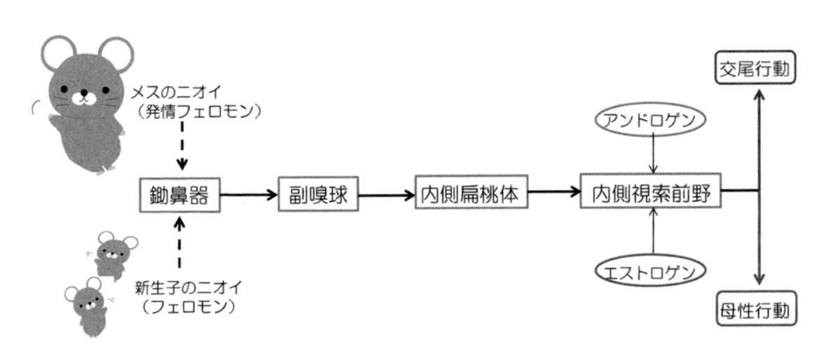

図39　生殖行動の神経回路（副嗅覚系）

ン）は鋤鼻器の感覚上皮にて受容され、その信号は鋤鼻神経を介して副嗅球に伝えられます。副嗅球から内側扁桃体、分界条床核および内側視索前野へと処理されます（図38、39）。このように、鋤鼻器に始まる副嗅覚（鋤鼻器－副嗅球）系が生殖行動の制御に重要な役割を果たしている可能性が考えられます。

Episode 10

父親の子育て、父性の目覚め？

女性は、妊娠、出産、授乳などの一貫した心身の変化を通して母親になることを実感します。この心身の変化は、ホルモン（エストロゲン、プロゲステロン、プロラクチン、オキシトシン）の影響によって、脳の反応性が変化することに起因しています。

ここでは、近年、「愛情ホルモン」、「親和ホルモン」とよばれ、愛情や信頼関係を形成し、ストレスを緩和して幸福な気分をもたらす「オキシトシン」について見てみます。オキシトシンは陣痛（子宮平滑筋の収縮）を促進させるホルモンで、出産時に大量に分泌され、その後授乳（吸引刺激）によって維持されます。そして、オキシトシンは生まれてくる赤ちゃんに愛着を感じさせ、愛情深い母親の脳にします。さらに、スキンシップや握手などの簡単な皮膚への刺激でも分泌されます。つまり、オキシトシンは母親と赤ちゃんの絆を形成するホルモンなのです。

では、父親と赤ちゃんの関係はどうでしょうか？　男性は妊娠、分娩、授乳を体験しませんが、赤ちゃんが生まれると父親のオキシトシンのレベルが多少上昇し、さらに赤ちゃんと一緒にいる時間が長かったり、抱っこしたりケアすることにより、母親のレベルには至りませんが、父親の脳にもオキシトシンの増加が認められています。

マウスでの実験データですが、交尾未経験のオスマウスは子に対して攻撃的ですが、メスとの交尾・同居を経て父親になると、子を飼育するようになります。つまり、交尾からパートナー（メス）の出産過程において、オスマウスの脳内でオキシトシン神経細胞が活性化しやすくなるような神経回路の変化が起きることで、父親マウスの養育行動が支持されたものと推察しています（Inada et al., 2022)。

参考文献

1 Pfaff DW and Keiner M: *J. Comp. Neurol.*, 151: 121–157, 1973.
2 Heimer L and Larsson K: *Brain Res.*, 3: 248–263, 1967.
3 Malsbury CW: *Physiol. Behav.*, 7: 797–805, 1971.
4 Davidson JM: *Endocrinology*, 79: 783–794, 1966.
5 Brachett, NL and Edwards, DA: *Physiol. Behav.*, 32: 79–84, 1984.
6 Scalia F and Winans SS: *J. Comp. Neurol.*, 161: 31–56, 1975.
7 Powers JB and Winana SS: *Science*, 187: 961–963, 1975.
8 Wysocki CJ and Katz Y: *Biol. Reprod.*, 28: 917–922, 1983.
9 Saito TR and Moltz H: *Physiol. Behav.*, 37: 507–510, 1986.
10 Saito TR: *Exp. Anim.*, 37: 489–492, 1988.
11 Meredith M and Howard G: *Brain Res. Bull.*, 29: 75–79, 1992.
12 Fernandez-Fewell and Meredith M: *Physiol. Behav.*, 57: 213–221, 1995.
13 Saito TR, Kamata K, Nakamura M and Inaba M: *Jpn. J. Vet. Sci.*, 51: 191–193, 1989.
14 Saito TR and Moltz H: *Behav. Physiol.*, 38: 81–87, 1986.
15 Saito TR, Hokao R, Terada M, et al.: *Scand. J. Lab. Anim.*, 28: 108–113, 2001.
16 Terada M, Wato S, Kromkhun P, et al.: *Exp. Anim.*, 58: 427–430, 2009.
17 Bolter CP and Atkinson KJ: *Am. J. Physiol.*, 254: R834–839, 1998.
18 Terada M, Matsumura A, Kromkhun P, et al.: *Reprod. Med. Biol.*, 8: 59–62, 2009.
19 Saito TR: *Exp. Anim.*, 36: 91–93, 1987.
20 Katou M: *Unpublished Doctoral Dissertation*, Nippon Veterinary and Life Science University, 2014.

21 Beach FA: *Nebr. Symp. Motiv.*, 4: 1–32, 1956.
22 高橋和明、斎藤徹、鈴木通弘ら『実験動物技術』19: 28–48, 1984.
23 山口孝雄、斎藤徹『実験動物』36: 209–212, 1987.
24 Saito TR, Fujieda F, Aoki S, et al.: *Exp. Anim.*, 40: 101–104, 1991.
25 Kosaka T, Hokao R, Takahashi KW and Saito TR: *Exp. Anim.*, 42: 261–264, 1993.
26 Saito TR, Hashimoto H, Moritani N, et al.: *Scand. J. Lab. Anim.*, 24: 143–146, 1997.
27 外尾亮治、斎藤徹、高橋和明『実験動物』42: 451–455, 1993.
28 Yamaguchi T, Saito TR and Takahashi KW: *Contemp. Top. Lab. Anim. Sci.*, 33: 46–48, 1994.
29 村越均、斎藤徹『実験動物』36: 443–448, 1987.
30 山口孝雄、小出正雄、斎藤徹『実験動物』37: 485–488, 1988.
31 Wilson J, Kuehn R and Beach FA: *J. Comp. Physiol. Psychol.*, 56: 636–644, 1963.
32 Fiorino, D. F., Coury, A. and Phillips, A. G.: *J. Neurosci.*,17: 4849–4855, 1997.
33 Saito TR, Motomura N, Taniguchi K, et al.: *Contemp. Top. Lab. Anim. Sci.*, 35: 80–82, 1996.
34 Bishop MWH: *J. Reprod. Fert., Suppl.*, 12: 65–87, 1970.
35 Larsson K: *J. Gerontol.*, 13: 136–39, 1958.
36 Minnick RS, Warden CJ and Arieti S: *Science*, 103: 749–750, 1946.
37 Hashizume K, Ikarashi Y, Sakuma S and Sakai Y: *Exp. Anim.*, 33: 159–163, 1984.
38 外尾亮治、伊藤恒賢、野口純子ら『実験動物』41: 259–268, 1992.
39 外尾亮治、斎藤徹、若藤靖匡ら『実験動物』42: 75–82, 1993.

40 Kobayashi M: *Clin. Neurosci.*, 4: 774–778, 1986.
41 Saito TR, Aoki S, Saito M, et al.: *Exp. Anim.*, 40: 447–452, 1991.
42 Rowland DL, Kallan K and Slob AK: *Arch. Sex Behav.*, 26: 49–62, 1997.
43 Clark JT, Smith ER and Davidson JM: *Neuroendocrinology*, 41: 36–43, 1985.
44 Saito TR, Hokao R, Aoki S, et al.: *Exp. Anim.*, 40: 337–341, 1991.
45 Tattersall R: *Br. Med. J.*, 285: 911–912, 1982.
46 Steger RW et al.: *Endocrinology*, 124: 1737–1743, 1989.
47 Saito TR, Serizawa I, Hokao R, et al.: *Exp. Anim.*, 43: 581–584, 1994.
48 Ammar AA, Sederholm F, Saito TR, et al.: *Am. J. Physiol. Regulatory Integrative Comp. Physiol.*, 278: R1627–R1633, 2000.
49 Saito TR, Tatsuno T, Takeda A, et al.: *Exp. Anim.*, 53: 445–451, 2004.
50 大迫文麿、谷口中、河野剛ら『日本臨床』40: 1274–1280, 1982.
51 青木忍、斎藤徹、大高茂雄ら『実験動物』41: 87-91, 1992.
52 外尾亮治、斎藤徹、高橋和明『実験動物』42: 579-583, 1993.
53 Tohei A, Saito TR, Hokao R, et al.: *Exp. Anim.*, 43: 427–431, 1994.
54 Toth BE, Homicsko K, Radnai B, et al.: *J. Neuroendocrinol.*, 13: 1042–1050, 2001.
55 Terada M, Olah M, Nagy GM, et al.: *Reprod. Med. Biol.*, 9: 205–209, 2010.
56 Bodnar I, Mravec B, Kubovcakova L, et al.: *J. Neuroendocrinol.*, 16: 208–213, 2004.
57 Hart BL: *J. Comp. Physiol. Psychol.*, 65: 453–460, 1968.
58 Saito TR, Moritani N and Katsuyama M: *Sand. J. Lab. Anim. Sci.*, 29: 142–148, 2002.
59 Saito TR, Terada M, Moritani N, et al.: *Exp. Anim.*, 52: 153–157.
60 Saito TR, Arkin A and Takahashi KW: *Scand. J. Lab. Anim. Sci.*, 26:

79–82, 1999.

61 Sachs BD, Akasofu K, Citron JH, et al.: *Physiol. Behav.*, 55: 1073–1079, 1994.

62 Manzo J, Cruz MR, Hernandez ME, et al.: *Horm. Behav.*, 35: 264–270, 1995.

63 Kondo Y, Tomihara K and Sakuma Y: *Behav. Neurosci.*, 113: 1062–1070, 1999.

64 Humphries CR, O'Brien M and Paxinos G: *Pharmac. Biochem. Bhav.*, 12: 851–854, 1980.

65 Humphries CP, Paxinos G and O'Brien M: *Pharmac. Biochem. Bhav.*, 15: 197–200, 1981.

66 Saito TR, Hokao R, Wakafuji Y, et al.: *Exp. Anim.*, 40: 117–119, 1991.

67 Saito TR, Aoki S, Shutoh Y, et al.: *Exp. Anim.*, 40: 561–563, 1991.

68 Saito TR, Hokao R, Aoki S, et al.: *Exp. Anim.*, 42: 111–113, 1993.

69 Saito TR, Hokao R, Wakafuji Y, et al.: *Lab. Anim.*, 30: 332–336, 1996.

70 Yokosuka M, Takagi S, Katou M, et al.: *Reprod. Med. Biolo.*, 7: 37–43, 2008.

71 Blumberg MS, Mennella JA and Moltz H: *Physiol. Behav.*, 39: 367–370, 1987.

72 Blumberg MS and Moltz H: *Physiol. Behav.*, 40: 637–640, 1987.

73 Fleming AS and Rosenblatt JS: *J. Comp. Physiol. Psychol.*, 86: 957–972, 1974.

74 Rosenblatt JS and Ceus K: *Horm. Behav.*, 33: 23–30, 1998.

参考図書

- Palkovits M and Brownstein M: *Maps and Guide to Microdissection of the Rat Brain*, Elsevier, New York, Amsterdam, London, 1988.
- Nagy GM and Toth BE eds.: *Prolactin*, InTech, Croatia, 2003.
- 斎藤徹編著『性をめぐる生物学』アドスリー、2012.
- 斎藤徹編著『母性をめぐる生物学』アドスリー、2012.
- 斎藤徹著『コミュニケーションをめぐる生物学』アドスリー、2019.
- 近藤保彦ら編『脳とホルモンの行動学』西村書店、2010.

おわりに

本書では、アンドロロジーの視点より、オスネズミの「生殖」(生殖機能および交尾行動) について紹介してきました。

ところで、「生殖」と似通った意味を持つ「繁殖」という用語をお聞きになったことがあるでしょう。両者には、微妙なニュアンスがあります。「生殖」は新たな個体の形成と直接関係があり、主に遺伝情報の伝達に焦点を当てています。一方、「繁殖」は新たな個体の形成とそれに関連する一連の行動やプロセスに焦点を当て、生物が自身の種を増やすための活動全般を指しています。つまり、広い意味での「繁殖」には「生殖」が含まれています。

この機会に、「繁殖」について、私の恩師である今道友則先生の半世紀前に寄稿された「繁殖の研究についての私見」(『生理学教室の歩み』1980年出版) の一部を紹介します。

　生命は個体の生命、つまり出生から死亡に至る寿命と、個体が死滅するに先立って子孫を生産して種、品種あるいは家系として生命を連続させる繁殖と言う２つの大きな営みから成り立っている。

　個体は必ず死滅するという宿命を負わされているが故に、寿命をいくらかでも長びかせたいという我々共通の願望から、個体の生命に関してはすべての生物学、医学、薬学などが結集されて研究されている。しかるに、繁殖という現象は、自然に生まれるという積極的な性格のものであるためか、個体の生命と同等あるいはそれ以上に重要な問題であるにも拘わらず、一般的に学問的関心の払われ方が少ない。繁殖が正常に営まれている種の集団や個体にとっては繁殖ということは何の問題もない現象であり、個体の死を防ぐことにしか目が向けられないかも知れない。しかし、繁殖力が衰退した種や、子が生まれない成体にとっては繁殖ということに成功するか否かは、次世代を残せるか否かという分岐点に立つ極めて重要な問題である。地球上で繁殖を通じて数多くの種が作り出されると共に実に数多くの動物種が繁殖不能となって絶滅した。特に高等動物では雌雄の異なった２つの個体の卵と精子の接合ということがない限り繁殖できないという原理が、繁殖力が衰退した時には絶滅を早める要因でもある。

（中略）

一方、繁殖ということは生命の一滴から人類に至るまで無限に生命を連続させ、今後も恐らく連続させる生命にとっての根元的活動であり、子が成体まで成長する過程は個体としてみるときは発育という現象であるが、細胞レベルで見るならば無性生殖による細胞の繁殖が繰り返されているといえる。

（中略）

このように見るならば、繁殖ということは生命の根源であり、繁殖の研究は、極めて重要な大きな学問的技術的課題であり、寧ろ生物学的、医学的あるいは畜産学や獣医学その他の農学系の学問のみならず、心理学的研究をも含める巨大科学である筈のものである。

最後になりましたが、今道生理学教室入室以来、終始一貫して「マウス、ラットの繁殖生理に関する研究」に専念できたことは、(故) 今道友則先生の教育観、研究観と the late Dr. Howard Moltz の研究観に支えられてきた恩恵です。ここに、感謝と哀悼の意を表します。

学長 今道友則教授　学長室にて　1984年9月

モルツ教授ご夫妻とティータイム（モルツ教授宅にて1984年10月）

斎藤　徹（さいとう　とおる）

日本獣医生命科学大学名誉教授
1948年三重県生まれ。日本獣医畜産大学獣医学科卒業、同大学院獣医学研究科修士課程修了。獣医師。獣医学博士。㈶残留農薬研究所毒性部室長、杏林大学医学部講師、日本獣医畜産大学大学院獣医学研究科教授を経て、2014年４月より現職。日本アンドロロジー学会名誉会員、日本実験動物医学会実験動物医学専門医、早稲田大学動物実験審査委員会専門委員。1983～1986年、アメリカ国立衛生研究所（NIH）、シカゴ大学、1997～1998年、カロリンスカ研究所に留学。専門は、行動神経内分泌学。日本学術振興会特別研究員等審査会専門委員、日本アンドロロジー学会理事、日本実験動物学会常務理事、NPO法人生命科学教育奨励協会理事、NPO法人小笠原在来生物保護協会副理事長、東京理科大学生命科学研究所顧問、早稲田大学人間科学学術院招聘講師、群馬大学医学部非常勤講師などを歴任。現在、瀋陽薬科大学客員教授、内蒙古農業大学特聘教授、学校法人湘央学園非常勤講師などを兼務。著書に、『母性と父性の人間科学』（共著、コロナ社）、『脳の性分化』（共著、裳華房）、『脳とホルモンの行動学』（共著、西村書店）、『実験動物学』（共著、朝倉書店）、『猫の行動学』（監訳、インターズー）、『性をめぐる生物学』『母性をめぐる生物学』『ストレスをめぐる生物学』『ダイエットをめぐる生物学』『コミュニケーションをめぐる生物学』『体内リズムをめぐる生物学』『神経をめぐる生物学』（編著、アドスリー）、『Prolactin』（共著、InTech）など。

ネズミをめぐるアンドロロジー

医学と獣医学におけるアンドロロジーの接点

2023年11月26日　初版第１刷発行

著　　者　斎藤　　徹

発 行 者　中 田 典 昭

発 行 所　東京図書出版

発行発売　株式会社 リフレ出版

〒112-0001　東京都文京区白山 5-4-1-2F

電話 (03)6772-7906　FAX 0120-41-8080

印　　刷　株式会社 ブレイン

ISBN978-4-86641-675-5 C3045

Printed in Japan 2023